ÉTUDE

SUR L'AMÉLIORATION DE LA BARRE

DE

RIO GRANDE DO SUL

(BRÉSIL)

Suivie d'une Note sur l'exécution de Travaux en fascinages

PAR

MAX LYON

Élève de l'École polytechnique fédérale suisse;
Délégué du Gouvernement
au cinquième Congrès international de Navigation intérieure

PARIS

TYPOGRAPHIE ET LITHOGRAPHIE A. MAULDE ET Cⁱᵉ

144, RUE DE RIVOLI, 144

1892

AMÉLIORATION D'ENTRÉES DE PORTS

Et d'Embouchures de Rivières sur Plages de sable

—

TROISIÈME PARTIE

—

ÉTUDE

SUR L'AMÉLIORATION DE LA BARRE

DE

RIO GRANDE DO SUL

(BRÉSIL)

Suivie d'une Note sur l'exécution de Travaux en fascinages

PAR

MAX LYON

Ancien élève de l'École polytechnique fédérale suisse ;
Délégué du Gouvernement
au cinquième Congrès international de Navigation intérieure.

PARIS

TYPOGRAPHIE ET LITHOGRAPHIE A. MAULDE ET Cie

144, RUE DE RIVOLI, 144

1892

PRÉFACE

La présente étude a pour objet de rendre compte
des diverses phases par lesquelles a passé le projet
d'amélioration de la barre de Rio Grande do Sul
(Brésil) ; comme nous avons suivi pendant près de onze
années cette question et que nous avons pu l'étudier
sur place à deux reprises différentes et à dix années
d'intervalle, il nous a semblé intéressant de résumer
l'historique des efforts faits par les ingénieurs qui s'en
sont occupés ; quoi qu'il subsiste encore des divergences
d'opinion, qui se rapportent aux procédés d'exécution
des jetées projetées, la solution du problème est
cependant envisagée de la même façon dans ses principes essentiels par tous les hommes techniques sérieux
qui ont été appelés à donner leur avis sur l'amélioration de la barre de Rio Grande do Sul ; les travaux

exécutés pendant ces dernières trente années pour l'amélioration de barres. sur plages de sable aux embouchures de rivières ou de déversoirs de lagunes ont d'ailleurs singulièrement facilité les études faites à Rio Grande do Sul; l'amélioration de la barre de Rio Grande do Sul n'en est cependant pas moins restée l'un des problèmes les plus difficiles de cette espèce. Nous avons résumé dans une autre étude les principes généraux d'amélioration de barres sur plages de sable, en citant comme exemples les travaux les plus importants de ce genre exécutés jusqu'à ce jour et se rapportant à l'amélioration des barres de Kurrachee, Madras, Oder, Vistule, Memel, Hoek van Holland, Ymuiden, Danube, Malamacco (Venise), Charleston, Galveston, Mississipi, Tampico, etc.

Nous n'avons donc annexé à la présente étude, qui se rapporte spécialement à l'amélioration de la barre de Rio Grande do Sul, que la description de diverses jetées construites avec des matelas ou plates-formes de fascines, ainsi que le mode d'exécution de ces matelas, vu que des travaux analogues sont prévus pour la construction des jetées de Rio Grande do Sul; aucun ouvrage ne traitant en particulier, à notre connaissance du moins, de tels travaux, il nous a paru inté-

ressant de résumer les recherches assez laborieuses
que nous avons été obligé de faire pour nous procurer
les renseignements y relatifs; nous espérons ainsi
simplement avoir contribué, dans la faible mesure de
nos moyens, à faciliter à nos collègues l'exécution de
travaux analogues, auxquels, à notre avis, on a trop
rarement recours pour l'exécution de jetées sur plages
de sable.

ÉTUDE

SUR L'AMÉLIORATION DE LA BARRE

DE

RIO GRANDE DO SUL

(BRÉSIL)

<APERÇU GÉOGRAPHIQUE DE L'ÉTAT DE RIO GRANDE DO SUL (*)

L'État de Rio Grande do Sul est le plus méridional du Brésil; il forme au sud la frontière entre les pays peuplés dans l'Amérique du Sud par les émigrants d'origine portugaise et ceux d'origne espagnole; il est compris entre les limites extrêmes des degrés de latitude sud 27° 10′ sur la courbe septentrionale du Rio Uruguay près de Salto Grande et 33° 40′ à l'embouchure du Rio Chuy, et des degrés de longitude ouest de Rio Janeiro 6° 30′ à la pointe de San Domingo dos Torres au sud de la baie de Mampituba et 14° 23′ à San Pedro, où le Rio Mirinay se jette dans le Rio Uruguay.

(*) Ce chapitre est un extrait d'une communication faite par l'auteur à la Société de Géographie de France. (Voir Compte Rendu n° 18-1891.

L'État de Rio Grande do Sul, qui fait partie de cette zone privilégiée située entre les tropiques et la République Argentine, jouit d'un climat tempéré ; le sol y est moins aride que celui des régions qui se trouvent sous la même latitude de la côte africaine, de l'autre côté de l'Océan Atlantique. L'État de Rio Grande do Sul présente aussi sur les pays voisins de la Plata et du Chili l'avantage de ne pas être exposé, comme ces derniers, aux vents froids qui soufflent de la Cordillère des Andes. Il est difficile de s'imaginer un climat plus salubre ; les vents de l'Atlantique, suffisamment humides, sans être nuisiblement saturés de vapeur d'eau, alternent avec les vents du Pacifique, séchés par leur passage à travers le continent et réchauffés par les pampas de la Plata après leur traversée sur les Andes.

L'État de Rio Grande do Sul est entièrement bordé à l'est par l'Océan Atlantique ; au nord, il est séparé de l'État brésilien de Sainte-Catherine par le Rio Verde et son affluent, le Rio Sertão, sur une longueur d'un demi-degré ; le Rio Uruguay, qui le sépare à l'ouest de l'État d'Entre Rios de la République Argentine, forme aussi depuis le Pepiry-Guassú la plus grande partie de sa frontière septentrionale, avec ses affluents et sous-affluents les Rios Pelotas, Cerquinha et Touros ; les limites méridionales entre l'État de Rio Grande do Sul et la République orientale de l'Uruguay sont, en partant de l'Océan Atlantique : le Rio Chuy, la Sierra de San Miguel, les rives occidentales de la Lagoa Mirim, le Rio Jaguarão, l'Arroio da Mina, l'Arroio San Luiz, la ligne des crêtes de la Serrilhada, les cochillas de Haedo et de Santa-Anna et le Rio Invernado, dénommé Rio Quarahim entre San João Baptista et son embouchure dans le Rio Uruguay près de Santa Rosa.

L'État de Rio Grande do Sul, qui avait déclaré adhérer à la Confédération des États-Unis du Brésil, est entièrement formé par l'ancienne province du même nom qui appartenait à l'Empire du Brésil.

La carte de l'État de Rio Grande do Sul n'a été relevée que par parcelles comme celle du reste du Brésil; le Brésil, n'étant *terra incognita* que dans ses limites extrêmes du nord et de l'ouest, a peu tenté les géographes explorateurs modernes, qui ont tant contribué au relevé de la carte de l'Afrique; pour le Gouvernement brésilien, cela aurait été une opération bien coûteuse que de dresser la carte du pays tout d'une pièce, vu l'étendue des vastes régions comprises dans ses limites.

Dans le Rio Grande do Sul, comme presque partout ailleurs au Brésil, si l'on fait abstraction des quelques travaux exécutés par une Commission d'ingénieurs autrichiens, Commission dont le fonctionnement eut une durée bien éphémère, on a seulement relevé le cours des rivières principales au moyen de la boussole et déterminé astronomiquement l'emplacement des centres de population les plus importants; les diverses cartes qui ont été publiées ne donnent donc qu'une image de la contrée. Les côtes seules ont été relevées exactement par des officiers des marines anglaise, française et brésilienne; la carte de l'amiral Mouchez est encore aujourd'hui considérée comme la meilleure. La côte du Brésil est dans le sud de l'État de Sainte-Catherine, depuis la pointe de Garapava, et tout le long de l'État de Rio Grande do Sul, inclinée au sud-ouest sous un angle d'environ 45 degrés; la côte est sablonneuse, uniforme et basse; là où les dunes se sont momentanément arrêtées dans leur marche, le sol est couvert d'une maigre végétation d'herbacées. Un cordon littoral sépare de la côte une série de lagunes intérieures; ce cordon littoral forme deux isthmes étroits, dénommés Praia de Pernambuco et Praia do Estreito au nord de la barre formée par le Rio Grande do Sul; l'embouchure de cette rivière est l'unique déversoir à la mer des eaux de toute la partie orientale de l'État de Rio Grande do Sul; le cordon littoral prend le nom de Alabardão au sud de la barre. On ne peut rien imaginer de plus monotone que cette longue côte, dont les bancs de sable rendent l'approche des plus dangereuses pour les navires par les temps de brouillards et de tempêtes.

La plupart des lagunes séparées de la mer par le cordon littoral, n'ont aucun écoulement; ce sont, en les énumérant du nord au sud, depuis la limite de l'État de Sainte-Catherine, les lagunes de Itapeva, dos Quadres, da Pinguella de Barros, do Firmiano, de Donna Antonia, de Manuel Nunes, da Fortaleza, da Cerquinha, do Rincão das Eguas, da Parteira, do Capão do Ponche, do Rincão dos Veados, da Reserva, de S. Simão do Peixe et de Mangueira. La lagune du Forno, située à l'extrémité septentrionale de l'État, se vide par le Rio Verde dans la baie de Mampituba; la lagune de Tramandahy communique avec la baie du même nom; la lagune do Sumidoro communique avec la lagune dos Patos; les lagunes de Caiuba, de Flores et plusieurs autres de moindre importance déversent leurs eaux dans la lagune Mirim; cette dernière, la deuxième en importance, laisse écouler ses eaux par le canal naturel du São-Gonçalo, d'une profondeur de 8 mètres et d'une largeur de plus de 250 mètres, dans la plus grande des lagunes, celle dos Patos. La lagune dos Patos communique avec la mer par le Rio Grande do Sul, canal naturel ou déversoir d'environ 15 kilomètres de longueur. Dans une époque géologique relativement récente, la côte de l'Océan Atlantique se trouvait encore à l'ouest des lagunes Mirim et dos Patos; on a d'ailleurs rencontré des coquillages d'origine marine dans les fouilles des fondations pneumatiques des piles du pont du chemin de fer sur le San-Gonçalo.

Il est très difficile de fixer dans la Lagoa dos Patos, la

zone variable en étendue et en position, où l'on trouve d'abord de l'eau de mer, puis de l'eau saumâtre, enfin de l'eau douce.

Les lagunes Mirim et dos Patos reçoivent les eaux de nombreuses rivières, parmi lesquelles les plus importantes sont : le Rio dos Sinos dont les principaux affluents sont les Arroios Rolante et Santa Maria ; le Rio Cahy dénommé Santa-Cruz près de ses sources, et dont l'affluent le plus important est le Rio Morata ; le Rio Jacuhy dont les principaux affluents sont les rios Taquary et Vacacahy ; les autres affluents portant un nom connu et les rivières qui se jettent elles-mêmes dans les Rios Taquary et Vacacahy sont les Rios dos Ratos, do Conde, Francisquinho, Capivary, Yrahy, Pequery, Capané, Yrapuá, Santa Barbara, Sepé, Cambay, Salço, Vacacahy Mirim, Soturno, Vahy, Gahy, Jacuhysinho, Sereno, Lagoão, Botucurahy, Pardo, Taquary mirim, Castelhano, Forquilha, Carneiro, Turvo, das Antas, das Camizas, Carara, das Tainhas, Barra Mansa et da Boa Vista ; toutes ces rivières forment ensemble le Rio Guahyba qui se jette dans le nord de la lagune dos Patos. D'autres rivières de moindre importance se jettent aussi dans cette lagune et parmi elles les Rios Capivary oriental, Ribeiro Petim, Aracá, Salgado, Velhaco, Jacaré, formé lui-même par les Arroios du Daro et dos Orfãos, et enfin le San Lourenço ; environ à mi-hauteur de la lagune se trouve l'embouchure du Camaquam, qui a 330 kilomètres de longueur et prend sa source dans la Serra de Santa Tecla ; sur son parcours il reçoit une quinzaine d'affluents, dont les principaux sont : les Arroyos Grande, das Palmas et Camaquam Chico ; enfin dans le sud de la lagune se jette le canal de São Gonçalo déjà nommé et dont la longueur est d'environ 110 kilomètres ; il reçoit lui-même sur sa rive gauche les petits Arroios de Pelotas et du Capão de Leão, et la rivière plus importante du Piratinim, formée des

Arroios das Pedras, Saraiva, Alfaiate, Piratinim Chico et
Piratinim d'Orqueta ou Santa Maria.

Dans la lagune Mirim se jettent entre autres les Arroios
Grande et Jaguarão; ce dernier, qui prend sa source dans
la Serra Asségua, est formé lui-même par treize affluents,
parmi lesquels on peut citer les Arroios Candiotinha,
Candiota et Jaguarão Chico; les Rios Taquary du sud,
Cebolaty et San Luis, qui coulent entièrement sur le terri-
toire de la République voisine de l'Uruguay, se jettent
également dans la lagune Mirim; cette dernière est aussi
en communication directe, mais intermittente, avec la
mer, selon la hauteur des eaux, par l'intermédiaire du
Rio Chuy.

Les rivières du nord, de l'ouest et du sud de l'État,
sauf le Rio Jaguarão, se déversent toutes directement ou
indirectement dans le Rio Uruguay, qui trouve son écoulement dans l'Océan Atlantique par le Rio de la Plata. Les
principales sont :

Au nord : les Rios Touros, Cerquinha, Silveira, Divisas,
Santa Anna avec son affluent le Soccorro, Lageado, For-
quilha, Lageado Grande, formé lui-même par les Arroios
Ligeiro et Lageado de San José, Uruguay mirim, dénommé
Passo fundo dans son cours supérieur, Varzea ou Uruguay
Puitan, Fortaleza, Guarita ou Albery, Cebolaty ou Ferro,
Herval Grande, Nhocora et son affluent l'Arroio Barrica,
Santa Rosa et Pindahy; à l'ouest : Abbutuy ou Camandahy,
Yjuhy guassú, Piratiny dos Garruchos, Camaquam do
Espinilho avec ses affluents les Arroios Ibuirajáca et Cam-
buiretam, Butahy, Sanchorim, Touro Passo, Quarahim
formé lui-même par les Arroios Invernada, Catalan Grande,
Catalan Chico, Areal, Quarahim mirim, Gorupá, Camuatim,
Caiboaté, Capivary et plusieurs autres de moindre lon-
gueur; la rivière de beaucoup la plus importante qui se
jette à l'ouest dans l'Uruguay et qui draine les eaux

huitième partie de l'État est le Rio Ybicuhy Grande qui reçoit lui-même les eaux des Arroios Ybicuhy Mirim, Guassupy, Toropy, Poncho Verde, Santa Maria, Taquarembo, Jaquary de Lavras, Cacequy, Inhatium, Upacarahy, Upamoritim, Itaguatiá, Ibicuhy de Santa Anna, Ibicuhy da Armada, Vacacua, Saican, Tapevy, Jaquaqua, Jaguary, Jaguarisinho, Nhacundo, Carahy Passo, Taquary de San Francisco de Assis, Pirajá Ytú, Ytú mirim, Ybirapuytan Chico et Grande, Pai Passo, Capavary de Alegrete, Inhanduhy, Itaporóró, Vitolina, Ibiráo-cay, etc.; enfin au sud, outre les affluents déjà nommés et qui se jettent dans les Rios Quaraim et Jaguarão, l'Arroio Tacuarambó, formé lui-même par les rivières Cunaperú, los Corrales, Jaguary et Rio Negro, dans lequel s'écoulent les rivières Cerros Blancos, Hospital, San Luiz, Pirahy Grande et Chico, Quebraxo, Quebaxinho et Bagé.

Sur quelques-unes des rivières du bassin oriental, la navigation est fort importante, et notamment sur les Rios dos Sinos, Cahy, Jacuhy, Taquary, Camaquam, San Gonçalo et Jaguarão; on compte que les lignes de navigation intérieure à vapeur de la partie orientale de l'État de Rio Grande do Sul, régulièrement desservies, atteignent un développement de 1,400 kilomètres environ; le Rio Uruguay a lui-même environ 1,500 kilomètre de longueur, sur lesquels il est navigable pour des vapeurs ou des chaloupes, sauf aux passages de divers rapides. M. André Rebouças, professeur à l'École polytechnique de Rio Janeiro, fait remarquer que, sur une carte en relief de Rio Grande do Sul, on verrait immédiatement que le sol de cette région est formé de deux grands plans inclinés; l'un qui laisse écouler ses eaux dans l'Océan par le Rio Grande et l'autre par le Rio de la Plata; les grands fleuves Jacuhy et San Gonçalo coulent à la mer par le Rio Grande do Sul, et l'Ybicuhy se jette dans l'Uruguay sur sa rive gauche. M. Rebouças fait observer, comme une curiosité géographique, la concordance de la direction générale du Jacuhy et de l'Ybicuhy, qui se trouvent presque sur un parallèle à l'Équateur, et indiquent le plus court chemin de l'Océan à l'Uruguay. La rive septentrionale du Jacuhy est montagneuse et tourmentée par les contreforts de la Serra do Mar, qui finit exactement à ce thalweg; sur la rive méridionale, au contraire, commencent les fameux *campos*, pâturages ou prairies naturelles qui s'étendent de Rio Grande do Sul jusqu'aux limites de la Patagonie, et qui ne se retrouvent plus au nord de l'État de Rio Grande do Sul que par intermittences et englobés au milieu des forêts du Paraná. L'intérieur de l'État de Rio Grande do Sul comprend une série de chaînes de montagnes de hauteur variable et de hauts plateaux; la formation des montagnes est éruptive ou cristalline; elles ont subi en partie l'action de puissants glaciers qui ont laissé partout leurs traces par des stries et des dépôts de moraines; nulle part peut-être on ne trouve des blocs erratiques de pareille importance, et dont le volume dépasse de beaucoup ceux qui ont pu être charriés par les glaciers des Alpes.

Les hauts plateaux sont en partie défrichés, comme terres de culture ou pâturages et en partie encore boisés; leur altitude est de 400 à 600 mètres, tandis que les crêtes des montagnes les surplombent de 500 à 1,000 mètres; elles se couvrent quelquefois d'une légère couche de neige dans les hivers rigoureux; c'est aux flancs des chaînes de montagnes que les nombreuses rivières, dont les plus connues seulement ont été énumérées par nous, prennent leurs sources.

Les plus importantes chaînes de montagnes sont : la Serra do Mar ou Geral qui longe toute la côte du Brésil depuis Recife; dans l'État de Rio Grande do Sul, cette chaîne suit la côte sur une longueur de 180 kilomètres environ; son altitude y est évaluée à 1,300 mètres; une autre chaîne, faisant d'ailleurs suite à la Serra do Mar, tourne brusquement à angle droit, près de Forquilha, pour se diriger de l'est à l'ouest, à travers tout l'État de Rio Grande do Sul, qu'elle coupe pour ainsi dire en deux parties égales sur une longueur de 530 kilomètres environ; elle porte successivement les noms de Serra Boturcarahy, San Martinho, San Xavier et Igorahyaca et aboutit à l'Uruguay, près de Santa-Borja; une troisième chaîne de montagnes principale, entrecoupée de hauts plateaux, dénommée Coxilha Grande ou Geral, suit parallèlement la Lagoa dos Patos et se relie au sud aux Serras do Herval, Santa Tecla, dos Tapes et das Pedras Altas; ces montagnes se trouvent enserrées entre les bassins du Jacuhy et du Vacacahy, et entre le Santa Maria, affluent de l'Ybicuhy et le Camaquam.

La capitale de l'État de Rio Grande do Sul est la ville de Porto Alegre (60,000 habitants environ dont 5,000 d'origine allemande), située sur le Rio Guahyba. La ville est dans un site riant, adossée à des collines; ses constructions sont en briques ou en pierres de taille; les rues sont bien pavées et, comme presque partout ailleurs dans l'Amérique du Sud, il y a des tramways dans toutes les voies principales; les rues et maisons sont éclairées au gaz et à l'électricité. Porto Alegre est le centre commercial de tout le nord de l'État; le grand commerce est principalement entre les mains d'étrangers ou de naturalisés brésiliens.

Les nombreux vapeurs et voiliers, qui font le cabotage sur toute la côte du Brésil, et les petits voiliers qui font la grande navigation, arrivent avec neuf pieds de tirant d'eau jusqu'à Porto Alegre par la Lagoa dos Patos, après avoir déchargé une partie de leur cargaison à leur passage à San Pedro do Rio Grande do Sul (20,000 habitants), San

Jose do Norte (2,000 habitants) et Pelotas (30,000 habitants); ces villes sont situées à l'entrée de la lagune, et
l'on peut généralement y arriver en franchissant la barre de
Rio Grande do Sul avec des navires ayant un tirant d'eau
de onze pieds. Porto Alegre, Pelotas et Rio Grande do Sul
sont des ports intérieurs ouverts à la navigation fluviale
et maritime, dont l'importance va toujours en augmentant.

C'est à San Pedro, sur le chenal du Rio Grande do Sul, à
environ 13 kilomètres de son embouchure, qu'ont lieu les
échanges interocéaniques les plus considérables, quoique
la ville de Pelotas, située à 50 kilomètres de là sur le San
Gonçalo, cherche depuis longtemps à enlever à sa voisine
sa suprématie commerciale. Les autres villes ou centres
de population les plus importants du nord et de l'ouest
sont San Leopoldo, Santa Cruz, Cachoeira, Rio Pardo, San
Sebastião do Cahy, Alegrete, Uruguyana qui est le port
sur le Rio Uruguay, Santa Anna do Livramento, Bagé,
Jaguarão sur la rivière du même nom, Cangussu, Piratinim, San Lourenço, etc.

Le gouvernement brésilien a fait des sacrifices considérables pour la construction de chemins de fer dans l'État
de Rio Grande-do Sul, tant dans un but commercial que
dans un but stratégique, afin de défendre le sud du Brésil
contre les attaques possibles des pays de race espagnole.
Le plus ancien chemin de fer est celui de Porto Alegre à
Nova Hamburgo (43 kilomètres), ancienne colonie d'origine
allemande, située près de la capitale. Du nord comme du
sud de la province se dirigent en ligne droite, vers l'ouest,
deux voies ferrées qui viennent s'embrancher au point
géographique dénommé Cacéquy, à 265 kilomètres d'Uruguyana; la voie terrée du nord relie Porto Alegre à Uruguyana par Cacéquy; son origine est à Taquary, à 70 kilomètres environ de Porto Alegre, port fluvial jusqu'où la
rivière Jacuhy est navigable en toutes saisons; cette ligne

est en exploitation sur 300 kilomètres. Au sud, le chemin de fer commence à San Pedro de Rio Grande do Sul, où une gare maritime facilite l'embarquement et le débarquement des marchandises; la ligne du sud est en exploitation jusqu'à Bagé, sur 283 kilomètres de longueur; elle est en construction jusqu'à Cacéquy et le tronçon commun de Cacéquy à Uruguyana est également sur le point d'être achevé. A Uruguyana, une ligne transversale (115 kilomètres en exploitation) longe la partie difficilement navigable de l'Uruguay, depuis la frontière de la République orientale à Quarahim jusqu'à Itaquy; le prolongement de la ligne est également en construction dans la direction du nord; cette ligne fait communiquer le réseau des voies ferrées de l'État de Rio Grande do Sul avec celui de l'Uruguay et de la République Argentine, où le chemin de fer vient jusqu'à Concepçon de l'Uruguay, en face de Paysandú. La ligne qui doit relier l'État de Rio Grande do Sul au nord du Brésil, prend son origine sur la ligne du nord à Santa Maria da Bocca da Monte et est également en construction sur 170 kilomètres de longueur. Enfin, une autre ligne, dont l'étude définitive semble achevée, doit relier Pelotas aux terres cultivées du district de San Lourenço. Complétons encore ces renseignements en mentionnant la petite ligne qui relie Rio Grande do Sul à Costa do Mar.

Les lignes exploitées au commencement de 1891 avaient, au total, une longueur de 740 kilomètres environ, et les parties en construction dont l'achèvement est prochain, 695 kilomètres. Les lignes du sud, entre Rio Grande do Sul et Bagé, celle de Quarahim à Itaquy, et celle de Porto Alegre à Nova Hamburgo sont exploitées par des Compagnies anglaises jouissant, les deux premières, d'une garantie d'intérêt de l'État brésilien, et, la dernière, de l'État de Rio Grande do Sul; les lignes de Santa Maria au nord et de Pelotas à San Lourenço, au sud, doivent être construites par des Compagnies brésiliennes jouissant également d'une garantie d'intérêt de l'État brésilien ; la ligne du nord est mise en œuvre par une société franco-belge ; les autres lignes ont été ou sont construites comme chemins de fer de l'État. On calcule que l'État brésilien a dépensé près de 150 millions de francs pour les chemins de fer dans le Rio Grande do Sul. Aucune de ces lignes ne donne un rendement net ; au contraire, leurs recettes, malgré des tarifs élevés, atteignent à peine de 90 à 95 % des frais d'exploitation. De même, les impôts levés dans l'État de Rio Grande do Sul ne suffisent pas à l'entretien de son administration ; cette ancienne province brésilienne a toujours été sous la dépendance fiscale de l'administration centrale ; ce sont les riches districts du centre et du nord qui ont comblé le déficit de l'administration des parties méridionales du Brésil.

L'État de Rio Grande do Sul ne produit ni le café, ni le sucre, ni le caoutchouc, qui sont les principaux articles d'exportation du Brésil ; le sol n'est propre qu'aux cultures européennes et aux pâturages, et la température est trop basse pour les cultures intertropicales. En fait, on n'exporte de Rio Grande do Sul que les produits de l'industrie de l'élevage, le tabac et le maïs. Le sol a été en bien des endroits épuisé pour le blé, par des cultures anciennes, les terrains ne contenant que peu de calcaire. Des navires, n'exigeant pas plus de onze pieds de tirant d'eau, peuvent seuls franchir la barre de Rio Grande do Sul ; les frets de la navigation au long cours sont donc très élevés pour Rio Grande do Sul ; ils ont été en grande partie cause du retard dans le développement industriel du pays. Les travaux d'amélioration de la barre de Rio Grande do Sul, déjà commencés par une Société française, devaient modifier cette situation ; l'État brésilien était disposé à y consacrer une somme de près de 60 millions de francs,

y compris les travaux d'installation du port de Rio Grande
do Sul. Ces travaux devaient faire de Rio Grande do Sul
le port par excellence de tout le sud du Brésil, depuis la
baie de San Francisco, ou depuis le mouillage au nord de
l'île de Sainte-Catherine jusqu'à Montévidéo, la grande
rade de l'Uruguay. En outre, le gouvernement central
était disposé à faire exécuter le port de San Domingo dos
Torres, à la limite des États de Rio Grande do Sul et de
Sainte-Catherine. Il est à espérer qu'une crise financière
ou des troubles politiques n'entraveront pas la prompte
exécution de ces projets.

D'après le géographe allemand Henry Lange, considéré
comme celui qui a le mieux étudié la géographie de l'État
de Rio Grande do Sul, la superficie totale est de 216,000 kilomètres carrés environ, soit un peu plus des deux cin-
quièmes de la superficie de la France, ou la superficie
entière de la colonie australienne de Victoria, du Paraguay
ou de la Turquie d'Europe. Ce chiffre a été adopté par
les autorités brésiliennes, quoique le géographe brésilien Joaquim Manoel de Macedo estime la superficie à
364,000 kilomètres carrés, chiffre qui paraît notoirement
exagéré et est d'ailleurs basé, comme source d'information,
sur les anciens auteurs, Alexandre de Humboldt, Saint-
Hilaire et Balbi.

La population de l'Etat de Rio Grande do Sul n'atteint
pas encore 1,000,000 d'habitants; mais elle croît rapidement par les émigrations allemande, italienne et polo-
naise, ainsi que par la multiplication des familles.

BASSIN HYDROGRAPHIQUE ;

COMMUNICATIONS PAR EAU DE L'ÉTAT DE RIO GRANDE DO SUL

AVEC LES AUTRES PARTIES DU BRÉSIL,

LES PAYS VOISINS, ETC.

Le bassin hydrographique dont les eaux s'écoulent par la barre de Rio Grande do Sul, représente une superficie d'environ 160,000 kilomètres carrés ; une très petite partie se trouve située dans l'État oriental de l'Uruguay. En admettant qu'il tombe dans l'intérieur 50 % plus d'eau qu'à San Pedro do Rio Grande do Sul, où l'on a observé des chutes d'eau de 0ᵐ92 par an, et en adoptant les chiffres de Rankine, d'après lesquels, dans les pays tempérés, environ 80 % des eaux de pluie s'écoulent par les rivières, il est facile de calculer qu'il doit sortir par le Rio Grande environ 5,100 mètres cubes d'eau par seconde ; la section d'écoulement ayant été mesurée en moyenne à 10,000 mètres carrés, on en conclut que la vitesse d'écoulement doit être de 0ᵐ50 par seconde ou de plus d'un mille par heure. La vitesse minima ne descend certainement pas au-dessous de trois quarts de mille par heure ; si l'on y ajoute l'action de la marée et des vents, il en résulte que bien rarement on trouve des jours où la vitesse d'écoulement des eaux n'atteint pas plus d'un mille par heure ; nous verrons ci-après qu'on a observé des vitesses beaucoup plus considérables.

En fait, toutes les rivières de la partie orientale de l'État de Rio Grande do Sul, n'ont qu'une seule issue vers le littoral par le chenal d'écoulement ; à l'embouchure de ce

canal naturel s'est formée la barre, qui a toujours occasionné de telles entraves à la navigation, que les navires
d'un tirant d'eau de 3 à 4 mètres au maximum ont seuls
pu la franchir. Cette profondeur pouvait paraître suffisante
au siècle dernier ou encore au commencement de ce siècle;
mais avec le développement de la marine marchande, et
l'augmentation considérable du tirant d'eau des navires,
Rio Grande do Sul se trouve pour ainsi dire déclassée
du marché du monde, parce qu'on ne peut y accéder
par navires à vapeur des pays d'outre mer qu'au moyen
d'un transbordement long et coûteux; encore arrive-
t-il souvent qu'à certaines époques de l'année, la
barre est absolument impraticable et toutes communications sont alors interrompues entre la partie orientale de
l'État de Rio Grande do Sul et le reste du Brésil par
d'autres voies que celles de l'Uruguay. La partie occidentale de l'État, d'ailleurs la moins peuplée, peut toujours
écouler ses produits par l'Uruguay et la République
argentine.

Par suite de ces circonstances, les transports pour le
dehors ont toujours été si onéreux, que l'État de Rio Grande
do Sul, dont les terres sont cependant essentiellement
propres à la culture, ne peut lutter avantageusement ni
sur le marché européen, ni même sur celui du centre du
Brésil avec aucune autre contrée agricole.

Nous avons vu que depuis le cap Santa Martha, situé dans
l'État de Sainte-Catherine sous 28° 40' de latitude sud,
où se trouve un abri sûr pour les navires, il n'y a pas d'autre
port de refuge jusqu'aux limites extrêmes méridionales
du Brésil, si ce n'est à la pointe de Torres où une petite
baie permet aux navires de trouver au besoin un abri
provisoire; les tempêtes étant fréquentes dans ces parages,
surtout celles désignées sous le nom de Pamperos, il y a
chaque année à déplorer un certain nombre de sinistres

maritimes, qui seraient évités pour le cabotage comme pour la grande navigation, si l'entrée du port de Rio Grande do Sul était devenue facilement accessible.

CAUSES QUI ONT FAIT RETARDER L'ÉXÉCUTION DES TRAVAUX

D'AMÉLIORATION DE LA BARRE DE RIO GRANDE DO SUL.

Pour remédier à l'insécurité de la navigation dans ces parages, faire cesser l'isolement de la province de Rio Grande do Sul du reste du Brésil, et empêcher son rapprochement plus étroit avec les pays voisins où l'attiraient ses relations commerciales, résultant de la situation géographique que nous avons décrite, rapprochement qui aurait certainement eu pour conséquence l'indépendance ou le détachement de cette province de l'unité brésilienne, le gouvernement de l'Empire avait déjà depuis longtemps conçu le projet d'améliorer la barre, mais il avait toujours reculé devant les dépenses considérables d'exécution de ces travaux ; des études insuffisantes ou contradictoires avaient d'ailleurs empêché pendant de longues années le gouvernement de s'arrêter à une solution qui pouvait donner quelque espoir de réussite.

Il appartient au gouvernement provisoire des États-Unis du Brésil d'avoir finalement pris une décision pour la mise en œuvre de l'amélioration de la barre de Rio Grande do Sul d'après un projet parfaitement défini ; les travaux ont été inaugurés en janvier 1891, à titre préliminaire au moins.

FORMATION DU CORDON LITTORAL,

DES LAGUNES ET DU CHENAL D'ÉCOULEMENT;

RÉGIME DE LA PLAGE.

Le cordon littoral, qu'on croit être entièrement sablonneux jusqu'à une profondeur de 15 mètres environ au-dessous du niveau du sol, a été formé surtout par les apports provenant des érosions des cours d'eau dans l'intérieur de l'État et au nord. Ces érosions sont cependant moins importantes qu'en Europe, parce que le climat est trop doux pour que la gelée ait une influence sensible sur la désagrégation des roches ; elles n'en ont pas moins suffi pour former, dans la suite des siècles, concurremment avec les sables provenant de la trituration des roches du littoral, le cordon de dunes qui forme l'obstacle à l'écoulement direct des rivières dans l'Océan.

Il paraît assez facile d'expliquer la formation du cordon littoral, qui s'étend sur le sud du Brésil ; il semble en effet certain qu'anciennement il y avait une baie là où se trouve actuellement la lagune dos Patos ; or, le sable forme devant les baies qu'il rencontre sur sa route des cordons littoraux ; d'après M. Laroche, dans les mers sans marée ou à faible marée, comme c'est bien le cas ici, la marée ne dépassant pas 0^{m}60, il se forme généralement un bourrelet sous-marin parallèle à la côte, probablement par la rencontre des lames directes et des lames de retour, qui, en perdant leurs vitesses de sens contraires dans ce choc, laissent précipiter le sable qu'elles charriaient ou tenaient en suspension ; la position de ce bourrelet sous-marin varie selon l'état de la mer ; quand une baie s'ensable, elle est séparée de la mer par un cordon littoral que forment les lames, en rejetant le sable vers la côte; cette baie devient ainsi une lagune; en avant du premier cordon littoral, il peut ensuite s'en former un second; c'est ce qui a été en partie le cas à Rio Grande do Sul, où de petites lagunes se sont déjà formées parallèlement devant les grandes lagunes de l'intérieur.

Le cordon littoral peut alors être alimenté par les vents et s'exhausser en formant des dunes. Certains ingénieurs sont même d'avis que ce sont les vents qui ont le plus d'effet sur les plages de sable, faiblement par leur action directe, mais d'une façon plus intensive par les lames qu'ils produisent; on peut admettre en général que les lames sur les plages basses, remuent le sol encore à une profondeur de 2 mètres au-dessous du niveau de l'eau. Ce sont les vents soufflant du large qui ont le plus d'action sur les modifications des plages, car les vents soufflant de terre ne reprennent qu'une faible partie des sables que les vents du large ont échelonnés sur la plage ou transportés sur la crête des dunes. C'est donc par l'observation prolongée de la durée et de l'intensité des vents qu'on arrive en partie à se rendre compte des modifications subies par la plage; en multipliant ensuite la vitesse des vents par leur durée on peut obtenir des coefficients permettant d'apprécier les effets des vents sur la marche des sables.

Comme de nombreuses rivières se jettaient déjà dans la baie de Rio Grande do Sul avant la formation du cordon littoral, les apports de ces rivières ont colmaté en partie les lagunes et en fait elles continuent à les colmater; d'autre part, sous l'action des vents et des lames, les apports extérieurs ont contribué et contribuent encore en partie au rehaussement du cordon littoral; quand les dépôts ne sont plus couverts qu'exceptionnellement par les hautes marées, une végétation marine s'y développe spontanément, et l'on peut alors conquérir à l'aide de digues, ou bien il se forme naturellement des terrains propres aux pâturages et à l'agriculture; nous verrons ci-après les circonstances spéciales à Rio Grande do Sul qui peuvent toutes s'expliquer par les observations de M. Laroche.

Cependant, comme les eaux de l'intérieur doivent trouver un écoulement, quand le bassin n'a pas de surface suffisante pour faire disparaître les apports par l'infiltration et l'évaporation, elles cherchent à couper les cordons littoraux; certaines coupures se maintiennent d'une façon à peu près permanente dans des régions déterminées, où l'on cherche alors à les fixer pour servir de passage aux navires.

Le régime torrentiel a été et est encore extrêmement violent dans l'État de Rio Grande do Sul, ce qui explique en partie les apports immenses d'alluvions des deltas des rivières; les terrains argileux, que l'on rencontre dans les plaines, proviennent de la décomposition de roches granitiques; les grès, qui ont une dureté apparente, se désagrègent très facilement après avoir été immergés pendant quelque temps dans l'eau. L'État de Rio Grande a été couvert, dans la période glacière, par d'énormes glaciers qui devaient probablement descendre des plus hauts sommets de la Sierra do Mar, à moins qu'ils n'aient fait partie d'une chaîne bien plus étendue et n'aient pris leur origine dans la Cordillère des Andes; les études géologiques de cette partie de l'Amérique du Sud ne sont pas suffisamment avancées pour qu'on ait pu formuler une opinion plus positive qu'à l'époque où Agassiz tirait déjà des conclusions, d'ailleurs erronées, des renseignements que les rares voyageurs savants qui parcouraient ces régions avaient pu lui fournir; mais, quoi qu'il en soit, on a reconnu d'immenses moraines qui viennent aboutir jusqu'à l'ancienne côte, c'est-à-dire jusqu'aux bords même de la plaine qui limite le bassin du Saõ Gonçalo; dans ces moraines, on rencontre de très gros blocs granitiques striés ; des sondages importants faits dans plusieurs d'entre elles, à l'effet de rechercher des carrières pour les travaux de l'amélioration de la barre, ont démontré l'action puissante de charriement des anciens glaciers ; nous citerons comme l'une des plus considérables de ces moraines, celle du capão de Leão ; les blocs granitiques qui s'y trouvent atteignent des proportions si étendues, qu'avant l'exécution de sondages profonds, nous avions pu prendre ces blocs pour des gisements de roches cristallines ; on doit de mêmé admettre que les contreforts du São Lourenço, et d'autres, moins connus, doivent avoir une origine analogue ; dans ces collines, de formation glaciaire, les torrents ont trouvé un champ d'action facile pour leur puissance érosive, et c'est ainsi que s'explique aussi, en partie, la grande quantité d'apports en proportion du bassin fluvial qui, quoique traversé de nombreuses rivières rayonnées en éventail, ne montre nulle part cependant de cours d'eau dont la longueur puisse être comparée à celles des grands fleuves des deux Amériques ou même à celles de nos grands fleuves d'Europe.

Actuellement, malgré le régime encore torrentiel de ces rivières à leur partie supérieure, leur lit inférieur semble presque devenu stable, sans toutefois se trouver déjà dans cette situation d'équilibre où sa puissance, comme agent de remaniement et de transport, est réduite au point de n'exercer plus qu'une très faible action sur les terres qu'il parcourt ; cette instabilité du lit s'applique encore surtout au San Gonçalo et au Rio Grande, qui sont, le premier, le déversoir des deux grandes lagunes l'une dans l'autre et le second, celui de l'ensemble de leurs eaux dans l'Océan Atlantique ; c'est ainsi que la force des eaux du Rio Grande do Sul ne lui permet pas de suivre un chenal constant. Le courant charrie, non seulement les déblais ou sables qu'il a produits en attaquant ses rives, mais encore les sables des dunes qu'il coupe, et de celles qui se trouvent sur ses bords et que le vent pousse dans l'eau.

D'après l'ingénieur brésilien Honoré Bicalho, qui a le premier indiqué dans ses grands principes la solution des travaux d'amélioration de la barre de Rio Grande do Sul, la formation relativement récente, du moins géologiquement parlant, de la côte sablonneuse ou de la péninsule, a eu lieu par l'action des vents et des courants de N.-E. à S.-O.

Les sables charriés par les grandes rivières, et ceux charriés conséquemment par les courants le long du littoral, se sont déposés sous le vent du cap de Santa Martha et ont formé cette espèce de péninsule qui s'étend sur une longueur de plus de 100 kilomètres jusqu'au chenal du Nord, avec des largeurs variant de 5,400 mètres à l'endroit dénommé Estreito, par 31° 50′ de latitude, jusqu'à 10 kilomètres à la barre de Mostardas, par 31° 5′ de latitude; le mouvement de transport des sables a été ensuite arrêté par des rochers saillants au cap dénommé Castilhos Chicos; c'est là qu'il paraît que se sont agglomérés en plus grande masse les premiers dépôts; la péninsule de la lagune dos Patos et celle plus méridionale de la lagune Mirim ont dû alors se former simultanément, l'une du nord au sud et l'autre du sud au nord, par la lutte entre les courants des fleuves et les mouvements de l'Océan; au point de rencontre s'est formé le canal ou chenal actuel de Rio Grande do Sul, qui est resté l'unique déversoir de toutes les eaux du bassin fluvial, déversoir qui se trouve ainsi naturellement indépendant du lit des grandes rivières et à une distance de 287 kilomètres de la principale, le Rio Guahyba.

M. Eyriaud des Vergnes a donné une description du régime d'une plage de sable libre où n'aboutit aucun cours d'eau de quelque importance, qu'il est aussi intéressant de prendre en considération pour la côte de Rio Grande do Sul quoique le cas ne soit pas tout à fait le même; la plage, au lieu d'y être soumise seulement à deux sortes d'actions, celle des lames créées par les vents dont les directions sont comprises dans la moitié du compas qui regarde le large, et celle des courants qui passent devant elle, soit du fait des marées, soit du fait des vents soufflant d'une direction constante très prolongée ou prédominante, soit d'une autre cause, y est encore soumise à l'action des courants venant du réservoir de l'intérieur, et, d'après M. Bicalho, du phénomène dû à l'action du retrait ou de l'érosion générale, qui ne nous semble cependant pas suffisamment démontrée sur ces côtes.

L'action des lames détermine la forme de l'estran, depuis la cote atteinte par les plus hautes mers jusqu'à celle où les lames ne remuent plus les sables des fonds; la seconde action se fait sentir lorsque les courants sont suffisamment profonds pour charrier les matériaux des fonds; la troisième cause vient apporter sur les plages, à l'embouchure des rivières, les troubles qui rendent leur accès si difficile.

Les lames, suivant la direction des vents qui les produisent, occasionnent des transports de sables longitudinaux provenant des érosions de la côte produites par les motifs les plus divers et des apports de la rivière; elles déterminent aussi les transports normaux remontant le talus de l'estran; ces derniers augmentent tandis que les premiers diminuent à mesure que la direction des vents se rapproche de la normale à la côte; en général, les vents soufflant en sens inverse le long des côtes n'équilibrent pas leur action, et il arrive alors que les sables cheminent définitivement dans un sens ou dans l'autre, s'il n'y a pas de courants généraux qui viennent encore annuler l'action prédominante des vents. Un obstacle le long de la côte peut aussi avoir pour conséquence le renversement du sens de ces transports; ce n'est donc qu'après une étude détaillée des vents et des abris locaux *qu'on aura créés* qu'on pourra se faire une idée approximative de ce qui doit se passer; de même, l'importance des apports ne saurait facilement être appréciée avant l'exécution des ouvrages qui peuvent avoir pour conséquence de les arrêter.

Sous l'action des diverses causes énumérées, la plage de sable prend un profil en travers moyen constant; mais cet équilibre ne s'oppose pas au renouvellement continuel des matériaux qui composent la plage et sur laquelle il existe, d'ailleurs, un engraissement ou un amaigrissement continus selon les résultats des forces diverses qui agissent sur elles; cet équilibre n'est troublé qu'à l'embouchure des rivières; il peut encore l'être par la construction des jetées, qui ont pour but d'améliorer ces embouchures ou les passes des estuaires dans lesquels ne se jette aucune rivière.

Ce qui rend à Rio Grande do Sul les prévisions d'avenir d'autant plus incertaines, c'est l'extrême ténuité des sables charriés; le sable fin est déplacé par les lames, les courants et même les vents; les éléments les plus lourds se tiennent toujours à la surface; il s'ensuit que, si, au-dessous des sables fins, on trouve de la vase, comme certains ingénieurs le croient, l'équilibre sera encore plus instable après l'exécution des dragages qu'il ne l'est actuellement.

FORMATION DE LA BARRE

C'est à la sortie du chenal commençant à San José do Norte et allant au littoral, que s'est formée sous 32° 27′ de latitude sud et 59°0′24″ de longitude ouest de Rio Janeiro, la barre composée de bancs de sable, qui s'étendent jusqu'à une distance de plus de 3 kilomètres de la côte; les bancs ont une forme presque elliptique et réunissent entre eux les deux points extrêmes du chenal du Nord, distants l'un de l'autre d'environ 1 kilomètre; à quelque période de son évolution qu'un fleuve soit parvenu, et de même un simple déversoir, comme c'est actuellement le cas à Rio Grande do Sul, ses eaux, à la fin de leur cours, vont déboucher dans le grand réservoir de l'Océan, où elles arrivent en général avec une vitesse assez faible pour ne pouvoir entraîner que du sable fin et de la vase; à Rio Grande do Sul, où la vitesse des eaux peut facilement atteindre et dépasser 2 mètres par seconde, le courant serait encore capable de charrier des cailloux, mais on n'en rencontre plus, car ils ont été depuis longtemps désagrégés dans le cours supérieur des rivières; ceux qui proviennent des torrents qui se jettent directement dans le nord de la lagune des Patos, forment des dépôts sur les rives de cette lagune, d'où ils ne peuvent plus être déplacés. La rivière a une action considérable sur la barre, mais elle est limitée en ce qui concerne les apports, comme nous le verrons ci-après. Sur les côtes sablonneuses de Rio Grande do Sul les vents transportent aussi des sables à l'embouchure de la rivière; les courants du littoral et les courants locaux produits par les vents exercent également une influence sur ces transports.

En ce qui concerne l'action des marées, qui n'atteignent que $0^m 60$, il paraît à peu près certain, que leur amplitude est trop faible, pour qu'elles aient pu, par le jeu de leurs oscillations, contribuer d'une façon notable à la formation du cordon littoral et de la barre; d'après M. le baron de Taffé, directeur du bureau hydrographique de Rio Janeiro, Rio Grande do Sul est le point du Brésil et peut-

être de l'Amérique du Sud, où les marées sont les plus
faibles (*). Par contre, les vagues de l'Océan, dont l'action
sur le littoral fait sentir tout son jeu sur une plage découverte comme celle de Rio Grande do Sul, ont une influence
considérable sur la formation de la barre.

Une partie des matériaux amenés pour former la barre
provient donc de l'action des courants, des lames et des
vents; mais il en vient aussi de la rivière ou du chenal qui
se jette à la mer; il est souvent difficile de faire la part de
l'une ou de l'autre de ces actions; il paraît toutefois presque
certain qu'à Rio Grande do Sul, les apports sont en
majeure partie maritimes, et que pour la plus grande
partie du restant, ils proviennent des érosions des dunes
qui longent le chenal, c'est-à-dire d'une action maritime
indirecte d'origine plus ancienne; les apports maritimes
directs sont formés, soit par les érosions des courants du
littoral, soit par les sables fins des dunes entraînés par
les vents. Les dunes près de Rio Grande do Sul ne
dépassent guère des hauteurs de 20 mètres; malgré cette
faible hauteur, le vent de terre ramène souvent dans le
chenal le sable des dunes qui se trouvent sur ses rives, et
ces apports deviennent de plus en plus nuisibles; il faut
donc essayer de les faire disparaître.

Une autre cause, qui a peut-être aussi contribué à
rendre la barre plus mauvaise qu'elle ne l'était au commencement de ce siècle est le colmatage des lagunes; cette
cause pourra continuer à exercer une certaine influence
sur la barre, même après l'exécution des travaux d'amélioration : les vases, que les fleuves charrient dans ces

---

(*) Les marées atteignent 6 mètres dans le nord du Brésil, à San Luiz
de Maranhão; elles sont absolument nulles à la Plata, tandis que plus au
sud dans les golfes de Sainte-Croix et de Saint-Georges, elles dépassent
15 mètres.

lagunes, y achèvent le travail d'atterrissement commencé par les sables; les lagunes diminuent peu à peu de surface par le rehaussement des rivages. Quand la surface sur laquelle les eaux se répandent arrive à se réduire, le volume et la vitesse des courants dans les chenaux diminuent également; les chenaux se rétrécissent et perdent de leur profondeur; les barres s'exhaussent, les passes deviennent moins praticables et sont plus facilement déviées par la marche des alluvions du littoral; c'est là le travail des siècles qu'aucune cause ne peut arrêter, si on ne guérit le mal à la racine, en déviant les fleuves; mais il ne paraît guère possible d'appliquer à Rio Grande, ce que les Italiens ont pu faire à Venise (Malamacco); c'est en effet un facteur bien compliqué, lorsqu'il s'agit de traiter des masses d'eau de l'importance de celles avec lesquelles on a affaire à Rio Grande do Sul; il paraît trop coûteux ou difficile de donner aux rivières du nord un débouché direct à l'Océan; quant à l'élargissement de la communication directe de la lagune Mirim avec l'Océan, c'est un travail qui paraît plus facile, et c'est l'un de ceux qu'on pourra exécuter lorsqu'on aura appliqué le remède principal.

DÉPLACEMENT GÉNÉRAL DE LA CÔTE

M. Honoré Bicalho affirme, comme nous l'avons déjà fait remarquer, que cette partie de la côte du Brésil subit un mouvement général d'érosion, indépendant du travail local d'érosion, résultant de ce que les dunes ne sont pas ou plus fixées, mouvement d'érosion semblable à celui qu'on a reconnu pendant ce siècle sur diverses parties du globe; si cet avis devait se vérifier, l'amélioration de

la barre de Rio Grande do Sul serait un problème encore
d'autant plus grave à résoudre et les solutions seraient
encore plus complexes que celles qui sont actuellement
envisagées; il nous semble cependant difficile d'admettre
cette opinion avant qu'on possède les résultats d'observations plus sérieuses et de plus longue durée que celles
qu'on a faites ou qu'on a été à même de faire jusqu'à ce
jour; toutefois, si par hasard cette remarque se vérifiait,
il y aurait lieu d'apporter aux projets actuels d'amélioration de la barre des modifications importantes, et ceci, si
possible encore, en cours même d'exécution.

OBSERVATIONS SUR LES PLUIES

La hauteur de pluie que recueille ce bassin hydrographique de 160,000 kilomètres carrés, ne doit pas être inférieure à $1^m 50$; en effet, la hauteur de pluie qui tombe
annuellement dans la ville de Rio Grande do Sul n'atteint
pas 1 mètre, mais on admet d'habitude au Brésil qu'il
pleut bien plus à l'intérieur que sur les côtes; comme
terme de comparaison, notons qu'il tombe en Europe,
chaque année, sur les plaines, en moyenne 585 millimètres
d'eau et 1,300 millimètres dans les districts montagneux;
les chutes de pluies se montent à 2 mètres le long des
côtes de Norvège, et certaines localités sur le flanc méridional de l'Himalaya reçoivent jusqu'à 15 mètres d'eau
par an; le maximum observé au Brésil, se trouve d'après
M. F. Draenert dans la Sierra de Cubatão, province de
Saint-Paul, où il atteint $3^m 58$.

D'après les observations de M. Lopo Netto, ancien ingé-
gieur hydrographe à Rio Grande do Sul, le maximun des
pluies s'y produit nettement pendant les mois d'automne,

d'hiver et de printemps ; pendant les mois d'été, c'est-à-dire de novembre à mars, il tombe fort peu d'eau ; M. Lopo Netto donne les moyennes suivantes à Rio Grande do Sul.

Été	177	millimètres
Automne	230	—
Hiver	269	—
Printemps	235	—

Les nombres de jours de pluie de chaque mois diffèrent peu entre eux ; les différences dans les hauteurs de pluie tombées pendant les diverses saisons proviennent de ce que les pluies d'été ne sont généralement que des pluies d'orages, tandis que celles d'hiver sont des pluies continues. A Taquara, M. Lange a observé 113 jours de pluie distribués à peu près également sur toute l'année ; à Santa Cruz, on compte 115 jours de pluie ; enfin à Pelotas, on compte 116 jours de pluie dont 33 d'orages. Il pleut donc à peu près 1 jour sur 3 dans l'État de Rio Grande do Sul.

OBSERVATIONS SUR LES VENTS ET SUR LA TEMPÉRATURE

D'après les indications de M. Henri Morize, astronome de l'observatoire de Rio Janeiro, et de M. L. Cruls, directeur dudit observatoire, les vents qui soufflent sur la côte de Rio Grande do Sul sont extrêmement variables et viennent de toutes les directions ; on peut toutefois remarquer une certaine prépondérance des vents d'abord de nord-est, qui sont les plus fréquents, puis d'est-nord-est, est-sud-est et sud-ouest ; le vent du sud-est, quand il souffle avec force est dangereux, parce qu'il se dirige de l'Atlan-

tique vers terre; il est accompagné de nuages sombres
et de pluies; c'est réellement une partie d'un cercle
cyclonique, de grand diamètre, qui prend son origine
dans les régions lointaines de l'Atlantique du Sud; ces
vents sont rares; mais, quand ils soufflent en tempête, ce
sont les plus violents; les Pamperos ont une intensité
presque aussi grande. L'amiral Fitzroy (*) les a étudiés
pendant le long séjour qu'il a fait dans ces parages; ces
vents viennent des Pampas ou grandes plaines ondulées
de la République Argentine (**); ils sont précédés en été
par de fortes chaleurs, par des vents modérés et variables,
par des éclairs et quelquefois par l'arrivée d'innombrables
bandes d'insectes; c'est cependant en hiver, où ils sont
plus rares, qu'ils soufflent le plus fort. Ils durent généralement de deux à cinq jours.

Des nuages, sous forme de cumulus, se massent dans
le sud-ouest et deviennent graduellement plus denses,
plus épais et plus sombres, en même temps que, en été,
le tonnerre se fait continuellement entendre au loin. Le
vent souffle alors avec furie en tempête du sud-ouest pendant cinq à six heures. Le vent du nord-ouest, venant des
tropiques, commence par être vaincu par de terribles
coups de vent de sud-ouest, c'est-à-dire polaires (***).

Il se passe quelquefois des années sans que ces vents
atteignent une force extraordinaire; mais ils peuvent

(*) *The Weather Book*, London. Admiral Fitzroy.

(**) Quelquefois aussi les Pamperos prennent déjà naissance en Patagonie et même aux îles Falkland.

(***) Le Pampero tourne en circuit au fur et à mesure où il s'avance
vers le nord-est; dans sa moitié septentrionale, il souffle du sud-est, puis
de l'est jusqu'à ce qu'il se perde sur la côte du Brésil; chaque fois
qu'il souffle sur cette côte des tempêtes d'est ou de sud-est; elles sont
suivies plus au sud par des tempêtes de sud et de sud-ouest.

aussi, à l'occasion, produire les plus fortes tempêtes connues sur l'Océan (*).

M. Honoré Bicalho divise les vents en deux groupes, en exceptant de ce groupement les vents de nord-est, qui soufflent parallèlement à la côte :

1° Les vents qui soufflent du large, de l'est jusqu'au sud-ouest, ces derniers formant un angle très aigu avec la côte au sud de la barre ;

2° Les vents qui soufflent de terre.

Sans qu'on puisse donner de règles générales, on a cependant observé que les vents qui soufflent de terre règnent le plus communément d'avril à août ; on a aussi remarqué que leur violence était la plus grande en octobre et décembre.

Les vitesses moyennes et maxima des vents de terre ont été les suivantes en mètres par seconde, d'après des observations faites pendant une série d'années consécutives :

DIRECTION DU VENT	VITESSES MOYENNES	VITESSES MAXIMA
O.-S.-O.	7.51	24.80
O.	7.06	35.30
O.-N.-O.	7.50	30.70
N.-O.	6.07	21.90
N.-N.-O.	7.74	20.80
N.	6.53	22.20
N.-N.-E.	8.75	30.10

(*) Les tempêtes de Pamperos sont violentes, mais elles ne sont jamais longues ; ainsi il est rare que la vitesse du vent dépasse 30 mètres par seconde pendant plus de 24 heures de suite. Les tempêtes de nord-est, qui soufflent parallèlement à la côte, ont plus de durée ; mais M. Bicalho a observé qu'elles ne remuent pas profondément l'Océan près de la barre de Rio Grande do Sul.

Les vents du large prédominent, en général, de septembre à mars; mais ils sont aussi souvent très sensibles en juillet et août. Les vitesses moyennes et maxima des vents soufflant du large ont été les suivantes, comme il résulte d'observations faites pendant une série d'années :

DIRECTION DU VENT	VITESSES MOYENNES	VITESSES MAXIMA
N.-E.	10.32	43.60
E.-N.-E.	9.55	30.60
E.	7.65	27.20
E.-S.-E.	6.93	22.90
S.-E.	6.84	24.90
S.-S.-E.	7.25	23.40
S.	7.84	29.30
S.-S.-O.	7.62	27.90
S.-O.	8.18	36.20

Tous les chiffres sont indiqués en mètres par seconde; les vents sont très variables ; pendant certaines années, les vents soufflent généralement avec une grande intensité ; pendant d'autres, ils sont beaucoup moins violents.

Les chiffres ci-dessus montrent que c'est le vent du nord-est qui a la plus grande intensité maxima et moyenne; il souffle aussi avec le plus de durée; les vents du nord-est et de l'est produisent le courant côtier qui se dirige au sud-ouest et dont la vitesse est ordinairement supérieure à un mille par heure, et peut souvent devenir beaucoup plus considérable; c'est le vent du sud-est, que les marins considèrent comme le plus dangereux parce que, étant normal à la côte, il remue le plus profondément la mer; sa vitesse est cependant loin d'atteindre celle des vents du nord-est et des Pamperos; c'est, dailleurs, l'un des vents qui soufflent le plus rarement.

L'étude des vents est, comme celle des autres observations météorologiques corrélatives, de la plus haute importance pour l'exécution des travaux d'amélioration de la barre de Rio Grande do Sul. Ces études permettent de prévoir souvent plusieurs heures et même plusieurs jours à l'avance le temps qu'il fera et l'état probable de la mer, de façon à prendre des précautions d'autant plus nécessaires, que les travaux projetés n'offrent pas une très grande solidité pendant leur exécution, c'est-à-dire jusqu'au moment où ils ont pu être munis de leurs défenses d'enrochements.

Les observations sur la température ont été très consciencieusement faites dans différentes parties de l'État, et notamment par le service météorologique du port; des observations faites à Rio Grande do Sul, pendant une longue série d'années, ont fourni dans cette ville une température moyenne annuelle de + 18°8, avec un maximum de + 32°4, et un minimum de + 1°; les observations faites par Max Beschoren à Passo Fundo par 28°28′ de latitude sud et à 628 mètres d'altitude donnent une moyenne de + 17°1 avec un maximum de + 34°4 et un minimum de 0°. La ville de Taquara, au confluent du Rio Santa Maria et du Rio dos Sinos, a, d'après Lange, une température moyenne de + 18°7, soit + 23°7 en été, + 19°4 en automne, + 14°1 en hiver et + 17°8 un printemps; à Santa Cruz par 29°45′ de latitude sud, on trouve une température moyenne annuelle de + 19°2 avec + 30° comme maximum et 0° comme minimum absolu; enfin à Pelotas, située comme Rio Grande do Sul par 36°45′ de latitude sud, la température moyenne est de + 17°2′; les températures extrêmes observées sont + 37°5 en janvier et — 0°5 en juin.

Le service météorologique paraît très bien organisé à l'observatoire de la barre de Rio Grande do Sul depuis une quinzaine d'années au moins, et les données statistiques qu'il a fournies permettent déjà actuellement à un marin ou à un ingénieur hydrographe expérimenté en la matière, de prendre des décisions qui auront pour conséquence une grande économie de temps et d'argent dans l'exécution des travaux d'amélioration de la barre de Rio Grande do Sul; les vents sont suffisamment réguliers pour qu'on puisse formuler certaines lois à l'aide des observations déjà faites; on semble avoir constaté que généralement les vents soufflent de la même direction, au même moment, en mer et à terre; si cette hypothèse est exacte, elle facilitera considérablement l'étude de la prévison des temps.

OBSERVATIONS SUR L'INTENSITÉ ET LES EFFETS DES VAGUES

D'après des observations générales, d'ailleurs confirmées par M. Berrier, capitaine de frégate de la marine française, qui a commandé pendant deux années le stationnaire français sur les côtes de la République argentine, de l'Uruguay et du sud du Brésil, les lames sur ces côtes sont parmi les plus fortes et les plus brisantes qui soient connues, quoique leur amplitude et leur hauteur d'ondulation soient moindres que dans l'Océan Atlantique du Nord; on ne croit pas qu'à Rio Grande do Sul la longueur des lames dépasse 80 mètres, tandis que dans des circonstances exceptionnelles on a pu voir des lames de près de 600 mètres dans le même Océan Atlantique du Sud au cap de Bonne-Espérance; ces lames avaient, d'après le capitaine Ginn, 20 mètres de hauteur et se propageaient avec une vitesse de près de 50 kilomètres à l'heure. Les vagues à Rio Grande do Sul pourraient être classées sous la déno-

mination de ce que Russell a appelé vagues de translation
(rollers au cap de Bonne-Espérance), dont l'intensité serait
presque aussi grande en profondeur qu'à la surface, et qui
seraient les plus redoutables ennemis des travaux de jetées
à exécuter en mer dans l'Océan Atlantique du Sud.

Notons aussi l'opinion contraire rapportée par M. Caland,
inspecteur général du Waterstaat de Hollande, consulté
par le gouvernement brésilien sur les travaux d'amélioration de la barre de Rio Grande do Sul; il relate, que d'après
les observations de certains capitaines de la marine marchande, les lames seraient moins fortes que dans les mers
du nord; cette opinion nous semble certainement dis-
cutable, si l'on doit ajouter foi aux multiples récits des
marins et voyageurs sur les tempêtes subies par les
navires dans ces parages, et si l'on se souvient des nombreux sinistres qui ont été signalés.

Il est probable que les observations relatées par M. Caland
se rapportent à des périodes où les courants étaient
extrêmement violents; or, on sait que les courants très
violents peuvent empêcher la formation des lames, ou du
moins en diminuer considérablement l'intensité, ce qui
doit être fréquemment le cas à Rio Grande do Sul, mais
ne se réalise pas toujours; c'est la seule façon pour nous
de nous expliquer la diversité d'opinions émises à ce sujet,
par des hommes également compétents.

La profondeur à laquelle la lame agite l'eau à Rio Grande
do Sul, ne dépasse pas celle à laquelle les courants ordinaires charrient les matériaux des fonds.

Il nous paraît intéressant de se reporter à ce sujet aux
judicieuses études de M. Laroche et de M. Eyriaud des
Vergnes sur la puissance des lames près des côtes.

La vague ne présente pas la forme habituelle de la sinusoïde; elle s'éloigne au contraire beaucoup de cette forme,
pour ressembler plutôt à un crochet ou à une crête aiguë;

la sinusoïde s'accentue naturellement de plus en plus au fur et à mesure où la lame s'approche de la côte.

L'atténuation de la puissance des lames peut être considérée comme si la quantité de mouvement contenu dans la lame, à l'entrée de la baie, s'épanchait sur une masse d'eau de plus en plus grande. De même la lame peut être atténuée, si le chenal est bordé latéralement par des plans convenablement inclinés et suffisamment longs ; la lame s'y étale et perd de sa hauteur ; l'agitation devient alors moindre entre les jetées ; de ce chef la faible inclinaison des jetées, qu'on doit exécuter à Rio Grande, contribuera heureusement à augmenter la tranquillité des eaux à l'intérieur desdites jetées. M. Laroche rappelle que c'est là un fait positif d'observation dont l'explication reste encore assez obscure.

La réflexion des lames peut aussi exercer une influence considérable sur le transport des sables ; sur le plan incliné d'une plage sous-marine, en pente douce, comme c'est le cas à Rio Grande do Sul, l'eau est de moins en moins profonde du large vers la terre ; elle subit donc de plus en plus l'action du vent sur toute sa profondeur, et le mouvement de translation de ses eaux s'accentue en s'approchant du rivage ; tout se passe comme si l'eau, qui constitue la lame, prenait près de terre un mouvement de translation horizontale dans toute sa masse, mouvement qui la projette avec force sur le rivage ; toutefois l'effet que les plages exercent sur les lames, en diminuant leur hauteur, de façon à ce qu'elle ne dépasse pas celle de la profondeur de l'eau, vient corriger ce facteur ; la lame représente donc une quantité de mouvement ou de puissance vive de plus en plus petite, et elle est brisée sur la plage.

OBSERVATIONS SUR LES COURANTS

Un point capital ne semble pas avoir été suffisamment étudié à Rio Grande do Sul; c'est celui relatif à la vitesse ou à l'intensité des courants maritimes; il est cependant d'importance majeure dans la formation de la barre.

On sait qu'une vitesse de 1 à 2 nœuds exerce déjà son action sur les parties ténues des matériaux du rivage et du fond de la mer; sur les côtes de France, il y a, dans les fortes tempêtes, des courants qui atteignent des vitesses de 8 et même de 10 nœuds à l'heure; si de pareils courants se produisaient à Rio Grande do Sul, les ouvrages légers projetés, dont il sera parlé ci-après, pourraient être gravement compromis pendant la construction; nous avons nous-mêmes apprécié à Rio Grande des vitesses de courants de 4 nœuds environ à l'heure par des temps moyens.

Les vents violents exercent des pressions considérables sur les surfaces qu'ils frappent; c'est ainsi qu'ils tendent à pousser les eaux de la mer sur les côtes et à y surélever leur niveau jusqu'à des hauteurs qui peuvent atteindre 1^m50; à Marseille, où la marée n'est que de 0^m30, les eaux montent souvent de 1 mètre sous l'influence des vents; il est certain qu'à Rio Grande do Sul ces hauteurs sont souvent dépassées; l'influence des vents est donc fréquemment bien plus forte que celle des marées; toutefois, elle ne peut lutter contre les influences contraires des courants sous-marins et aider efficacement à déblayer les passes de la barre; en effet, quoique la vitesse des courants produits par les vents soit quelquefois égale à celle des courants côtiers, cette vitesse n'existe généralement qu'à la surface; les courants produits par les vents ne sont

pas comme les courants de la mer, des courants de masse,
de très grande profondeur, dus à des causes générales et
permanentes et bien autrement puissantes que le vent; de
même, les courants produits par les vents annulent quelquefois à la surface les courants ordinaires sans toutefois
influencer leur mouvement dans les fonds et arrêter le
transport des sables. Les courants dus aux vents sont donc
loin d'avoir, au point de vue des travaux maritimes, l'importance des mouvements de la mer dus aux tempêtes et
aux vagues qu'elles soulèvent, ainsi que la puissance des
grands courants côtiers.

Les courants inférieurs de la mer diffèrent presque
toujours de ceux de la surface; souvent il y a, par
suite de causes les plus diverses, courant de jusant à la
surface tandis qu'il y a courant de flot dans le fond.
D'après l'hydrographe Maury, de la marine américaine,
le grand courant, dénommé courant du Brésil, qui
commence à l'équateur et qui se bifurque au cap Saint-
Roch ne ferait pas sentir son influence sur les côtes de
Rio Grande do Sul; il ne s'y formerait que des courants
côtiers sous l'action des vents dont la vitesse ne dépasserait pas un mille et quart par heure; nous croyons cependant
qu'on a mesuré des vitesses beaucoup plus considérables;
nous avons nous-même observé sur place des vitesses
qui devaient être bien plus grandes, et que nous avons
appréciées à quatre nœuds à l'heure.

L'effet du courant résultant du retour des lames tend à
transporter vers la haute mer les apports; si le courant
direct n'était pas plus fort que le courant de retour augmenté des forces produites par l'écoulement des eaux,
il n'y aurait pas ensablement à la barre; mais quelquefois le contraire peut se produire, et Il y a généralement
alors amélioration de l'état de la barre; cela arrive surtout par les gros temps, et provient de ce que le cou-

rant direct résultant du vent est surtout un courant de
surface, tandis que le courant produit par le retour des
lames est surtout un courant de fond ; dans les baies ou
dans les rentrants des côtes, ce qui deviendrait le cas à
Rio Grande do Sul, après l'exécution des digues projetées,
il y a, par les coups de vent du large, refoulement des
eaux et exhaussement du niveau, et ensuite formation
d'un courant du fond de la baie vers la mer ; si ce courant
de fond s'ajoute au courant de retour de la lame et au
courant d'écoulement naturel du bassin intérieur, ces courants réunis peuvent être plus forts que les courants du
large, et, en conséquence, emmener au large plus d'alluvions que les courants directs en auront amenés devant
l'entrée du port ; c'est là surtout un des moments favorables qui peuvent se présenter pour maintenir la passe
ouverte après l'exécution des digues ; si la somme algé-
brique de ces trois courants devient inférieure à une époque donnée au courant du large, il y aura lieu de remplacer par des dragages la force vive qui fait défaut au
retour ; la plus ou moins grande importance de ces dragages dépendra de l'habileté avec laquelle le plan d'exécution aura été conçu ; il s'agit évidemment là plus
d'habileté ou de jugement et de coup d'œil que de concep-
tions reposant sur des bases purement théoriques ; nous
en avons un exemple dans l'exécution des travaux du
nouveau chenal de la Meuse.

Si les anciennes théories de M. Caland, relatées d'autre
part par nous, doivent être considérées comme exactes,
il n'en resterait pas moins dans la pratique la grosse difficulté de déterminer les dimensions de l'entonnoir d'a-
près les éléments indiqués, c'est-à-dire le régime de la
rivière ou du chenal d'écoulement, la pente de son lit, la
dénivellation de la marée et la vitesse avec laquelle monte
le flot.

Or, il semble bien difficile, quand on dresse un projet, même s'il n'y avait plus d'inconnues dans ses éléments, de se rendre exactement compte quelle est la part d'influence d'une cause ou de l'autre, et, en conséquence, quel coefficient il faut lui appliquer. C'est ce qui est, d'ailleurs, arrivé aussi au Hock van Holland, où l'exécution est loin d'avoir répondu aux attentes d'origine, sans qu'un reproche puisse être adressé aux auteurs du projet ; le succès qu'on a obtenu finalement n'est dû qu'aux modifications apportées au projet pendant l'exécution des travaux.

PROFONDEUR DES PASSES

La profondeur des passes atteint rarement 3^{m}80 à la barre de Rio Grande dol Sul ; mais, près des bancs, du côté de la mer comme du côté du bassin intérieur, on trouve rapidement des profondeurs de 10 mètres.

Les vagues se brisent presque incessamment sur les bancs de sable de la barre, et, à marée basse, il n'y a environ que 1 mètre d'eau sur une grande longueur des bancs ; deux à trois passes de 2^{m}60 à 4 mètres de profondeur, d'ailleurs extrêmement variables et dont le lit se modifie constamment, coupent cette barre sous l'action des vents, des courants et des eaux du Rio Grande ; quand la mer est forte ou quand les vents sont contraires, ces passes sont souvent impraticables, et quelquefois pendant une longue série de jours consécutifs.

Les plus anciennes observations sur les passes de la barre de Rio Grande do Sul datent de 1775 ; le vicomte de San Leopoldo raconte dans ses annales sur la province de Rio Grande do Sul, qu'il y avait à la barre un passage ouvert dans le banc du sud-ouest de 20 palmes de profondeur, soit de 4^{m}40. Le banc avait une longueur totale d'environ

·5 kilomètres, et sa plus grande distance de la côte était d'environ 2,500 mètres.

Dans un mémoire très précieux, plein de données statistiques sur la province de Rio Grande do Sul, publié en 1851 par le conseiller Antonio Manoel Correa da Camara, nous trouvons les renseignements suivants sur la barre de Rio Grande do Sul :

Pendant l'année 1819, la profondeur maxima du chenal a été de 2^{m}64.

De 1826 à 1827, pendant six années consécutives, la profondeur d'eau à la barre a varié de 3^{m}08 à 4^{m}40 ; M. da Camara relate divers changements de direction de la passe survenus jusqu'en 1844, et fait remarquer que, quand la barre est ouverte au sud, il y a plus d'eau dans le chenal que quand elle est ouverte au nord, différence qui, dans son opinion, provient de ce que, dans le premier cas, les courants de sortie sont plus violents et ont à lutter moins longtemps contre des forces contraires ; dans un mouvement progressif de la passe du sud à l'est, il n'a pas remarqué de changement de profondeur, qui ne se produisait donc qu'après l'E.-E.-N.

En 1837, le capitaine James Harrison observe que la barre est ouverte au même endroit et à la même profondeur qu'en 1824, et il exprime l'opinion que ce cycle se reproduira ; il consigne aussi dans son livre de bord que les eaux montent par les vents de S.-O. et baissent par les vents de N.-E.

La fin de l'année 1848 semble avoir été particulièrement mauvaise ; la barre a été, pour ainsi dire, absolument impraticable pendant de longs mois, la profondeur de la passe variant de 1^{m}20 à 2^{m}86.

En 1849, la hauteur d'eau remonte à 3^{m}60. M. C.-H. Dillon, pilote de la marine anglaise, relève, dans le courant de l'année 1849, une excellente carte hydrographique, de laquelle il résulte que la barre a atteint alors une longueur de 11 kilomètres, et que sa distance de terre est de 4,5 kilomètres.

La passe diminue de nouveau de profondeur pendant les années suivantes; selon les relevés faits par le lieutenant Delamare, elle n'a, en 1855, que 2^{m}42 de profondeur moyenne et 3^{m}60 de profondeur maxima.

Les sondages faits en 1860 accusent des profondeurs de 2^{m}50 à 3^{m}50; mais, pendant des mois entiers, la barre était impraticable aux navires ayant un tirant d'eau de 3^{m}30.

En 1863, Frédéric Hunter sonde des profondeurs de 2^{m}55 à 3^{m}60.

Les sondages faits par le pilote J.-B. Johnson en 1866 accusent des profondeurs de 3^{m}50 à la passe S. et de 3 mètres à la passe N.-E.; il mesure la longueur des bancs, et la trouve de 9,500 mètres ; leur distance extrême de la côte n'est plus que de 4,000 mètres.

En 1870, les ingénieurs de Sir John Hakshaw trouvent une profondeur maximum de 3^{m}20, un périmètre de 10 kilomètres, et une distance de la côte de 5 kilomètres.

Les relevés de l'amiral Mouchez, exécutés en 1876, donnent des profondeurs de 2^{m}60 à 3^{m}60.

D'après la carte de M. Lopo Netto relevée en 1881, il s'est alors formé trois passes, ayant des profondeurs de 2^{m}70, 2^{m}90 et 3 mètres ; la longueur de la barre est de 9,000 mètres et son éloignement maximum de la côte de 4,000 mètres.

En 1883, les relevés de M. Honoré Bicalho n'accusent plus qu'une profondeur de 2^{m}75, et il n'y a qu'une seule passe ouverte.

Finalement les derniers relevés exécutés par la commission de la barre de Rio Grande do Sul, successivement sous les ordres de M. Saboia et de M. Ernesto de Otero, accusent des maximum, ayant peu varié, soit de 3^{m}60 à 3^{m}95.

Le tableau ci-après indique historiquement les renseignements sur les différentes variations de profondeur et d'emplacement des passes qu'il a été possible de se procurer.
Nous donnerons au chapitre suivant des indications
détaillées sur les variations de profondeur tant dans les
passes que sur les bancs, qui se sont produites pendant
ces derniéres années, c'est-à-dire jusqu'en 1889, époque à
laquelle s'arrêtent les indications fournies à ce sujet par
les rapports du Ministère de l'agriculture, du commerce
et des travaux publics du Brésil.

ANNÉES	ORIENTATION DE L'EMPLACEMENT des passes	PROFONDEUR DES PASSES
1775	S.-O.	4^m40
1800	S.	4^m40
1819	E.-N.-E.	2^m64
1821 à 1827	N.-E.	3^m08 à 4^m40
1835 à 1836	S.-E. et N.	2^m40 à 3^m60
1837	S. et N.-E.	3^m90
1842	S.	3^m96
Janvier à Juin 1848		3^m75
Juin à Décembre 1848		1^m20 à 2^m86
1849	S.	3^m30 à 3^m80
1855		2^m42 à 3^m60
1860		2^m50 à 3^m60
1863		2^m55 à 3^m60
1866	S.	3^m50
	N.-E.	3^m »
1870	S.	2^m50 à 3^m75
	S.-O.	2^m20 à 3^m40
	E.	2^m » à 2^m50
1871	S.-S.-E.	2^m75 à 3^m95
1872	E.	3^m50
	S.-S.-E.	2^m85 à 3^m95
1873	S.-E.	2^m65 à 3^m95
	S.-S.-E.	2^m85 à 4^m20

ANNÉES	ORIENTATION DE L'EMPLACEMENT des passes	PROFONDEUR DES PASSES
1874	S.-E.	3^{m}10
	N.-E. et S.-O.	3^{m}30 à 3^{m}71
1875	N.-E. et S.-O.	2^{m}75 à 3^{m}75
	N.-O. et S.-E.	
	S.	3^{m}20
	S.	2^{m}60 à 3^{m}60
1876	S.-O.	1^{m}20
	E.	2^{m}65 à 3^{m}95
1877	E.-N.-E.	2^{m}75 à 3^{m}75
1878	E.	2^{m}65 à 3^{m}75
	S.	2^{m}20 à 3^{m}10
1879	E.	2^{m}20 à 3^{m}30
	S.-O.	2^{m}50 à 3^{m}65
1880	S.	2^{m}65 à 3^{m}65
	S.-O.	2^{m}70
1881	S.	2^{m}90
	E.	3^m » à 3^{m}20
1882	E.	2^{m}64
	S.	2^{m}20 à 3^{m}20
	S.-O.	2^{m}30
1883	E.	2^{m}75
	S.	2^{m}50
	S.-O.	3^{m}10 à 4^{m}85 (*)
1885	N.-E.	2^{m}40 à 3^{m}30
	S.-E.	3^{m}50
1886	S.-O.	3^{m}80
1887	S.-O.	2^{m}65 à 3^{m}75
1888	S.-O.	2^{m}40 à 3^{m}95
1889	S.-O.	3^{m}70
	S.	3^{m}95
1891 (15 mai)	S.	4^{m}18

Cette grande instabilité de la profondeur des passes a souvent eu pour conséquence, surtout avant l'établisse-

(*) 4^{m}85 seulement pendant quatre jours.

ment du télégraphe et des communications à vapeur avec
Rio Grande do Sul, que les navires. qui y étaient expédiés
d'Europe et du nord du Brésil, à un moment où l'on avait
des renseignements favorables sur la profondeur de la
passe, étaient trop chargés à leur départ; ces navires
devaient donc souvent s'alléger d'une partie de leur cargaison dans d'autres ports, ou bien ils s'échouaient en
essayant de franchir la passe où il y avait trop peu d'eau.

Il résulte en effet des relevés faits par la commission
de la barre constituée le 30 avril 1846, qu'il y a eu depuis
cette époque jusqu'à la fin de 1882, un total de 90 nau-
frages à la barre sur 20,225 entrées, sans compter les
navires qui ont subi des avaries grosses.

ACTION DES VENTS,

DE LA MARÉE, DES COURANTS ET DES VAGUES SUR LA BARRE

ET LE CHENAL DU NORD.

APPORTS ; ÉROSIONS ; VARIATIONS DES PASSES.

Résumons d'abord les observations de M. Bicalho
sur l'influence des vents, des marées et des courants
sur la barre et sur la provenance et la quantité des
apports.

Les vents soufflant de terre diminuent la profondeur
d'eau sur les bancs de la barre, en même temps qu'elle
est calme; ceci s'explique par le fait que pendant ce temps
les vitesses du vent et du chenal sont dirigées dans le
même sens; il y a augmentation de l'écoulement des
eaux et en conséquence moins d'eau et pas d'agitation sur
les bancs parce que, par les vents de terre, il n'y a pas de
courants contraires.

Les vents soufflant du large augmentent la profondeur
d'eau sur les bancs de la barre parce qu'ils exercent

une action contraire à la sortie des eaux du chenal du Nord; en même temps les eaux à la barre produisent des lames par suite de l'opposition du courant marin formé par le vent au courant fluvial du chenal.

Dans les fleuves où l'action de la marée ne se fait pas sentir, les crues contribuent à améliorer la profondeur des passes sur les barres; à l'embouchure du Rio Grande do Sul, les vents du sud-ouest jouent le rôle des crues; ils enflent le réservoir et contribuent en partie à l'approfondissement temporaire des passes ; par d'autres vents, et notamment ceux du nord-est, il y a aussi renversement des courants; le courant remonte, malgré la faible marée, de l'aval vers l'amont.

La lame devient en général très forte à la barre par les vents de la partie sud de la rose des vents, parce que ce sont des vents qui viennent du large de l'Océan Atlantique, sans avoir été arrêtés par l'Afrique, et qui font monter les eaux.

On a calculé, par les moyennes d'un certain nombre d'années, que les jours de beau et de mauvais temps se répartissent comme suit à la barre de Rio Grande do Sul.

Calme......................	65 jours par an.	
Vague......................	140	—	—
Forte vague...............	75	—	—
Mauvais...................	25	—	—
Très mauvais et impraticable	60	—	—
TOTAL......	365 jours.	

C'est naturellement par les forts vents du N.-E. et du S.-O. que la barre est très mauvaise: par les vents de terre cela n'arrive que très rarement; inversement la barre est toujours plus tranquille par les vents de terre que par les vents de mer. Les moyennes indiquées ne peuvent cependant donner aucune conclusion pour une année déterminée; c'est ainsi qu'en 1877 il n'y a eu qu'une seule journée où la barre fut réellement très mauvaise, tandis qu'en 1882 elle l'était pendant 122 jours, et cette même année on n'a observé qu'un seul jour de temps calme; il est vrai qu'on se trouvait alors au sommet de la courbe des temps où la barre était très mauvaise.

A Rio Grande do Sul, le régime des marées peut être défini sans connaître les courants qu'elles engendrent ; les courants provenant de la marée seule, semblent être trop faibles pour influencer sensiblement le régime des eaux ; le problème serait d'ailleurs bien compliqué, s'il était nécessaire de tenir compte de cette inconnue.

Si l'on avait à étudier théoriquement le régime du Rio Grande do Sul, malgré la faible marée, il semblerait à cause des conditions spéciales dans lesquelles se trouve ce déversoir, qu'il y aurait lieu de le considérer comme un fleuve à marée intermittente, dont la largeur moyenne du lit augmente de l'amont à l'aval vers l'embouchure, circonstance particulièrement favorable dans ce cas ; il y aurait à ce point de vue alors à voir, si des projets d'exécution tendant à un resserrement du lit entre les jetées, c'est-à-dire à l'embouchure, ne pourraient soulever les plus graves critiques.

L'action des marées, faible d'ailleurs, est extrêmement irrégulière par suite de l'action considérable des vents. Près de la ville de Rio Grande do Sul, située à 12 kilomètres environ de la barre, il semble que le plus grand changement de niveau observé ait été de 1^{m}40. Dans le chenal qui mène à la barre, les vents produisent des dénivellations de 0^{m}30 près de San José do Norte; en cet endroit le niveau des eaux est quelquefois au-dessous de celui de la barre; la différence de niveau, entre la lagune

dos Patos à l'Estreito et le point le plus près de la côte sur
l'Océan Atlantique, a été déterminée directement et n'a pas
été trouvée supérieure à 0^{m}08; on a toujours pris comme
zéro du plan de comparaison la hauteur des plus basses
eaux ; exceptionnellement on a observé dans le chenal
avec des vents de terre et un très fort courant de jusant
des dénivellations de 0^{m}25 au-dessous de zéro.

Nous avons vu plus haut que la vitesse naturelle d'écoulement des eaux du bassin hydrographique, qui a plus de
160,000 kilomètres carrés, doit dépasser 1 mille marin par
heure, mais qu'on a observé des courants beaucoup plus
considérables; après des vents frais de S.-S.-E. activant
l'entrée des eaux, suivis de vents de N.-E., de vitesse
moyenne (12 mètres à la seconde), et facilitant la sortie des
eaux, on mesure toujours des courants de plus de 2 milles
à l'heure; on a trouvé par de forts vents de S.-O. une vitesse
de flot de 1^{m}50 par seconde soit près de 3 milles à l'heure
avec une déclivité moyenne dans le chenal, en amont
de la barre, de 0^{m}025 par kilomètre jusqu'à San José do
Norte; la vitesse du jusant le même jour était de 1^{m}35;
avec cette vitesse il passe environ 7,000 mètres cubes
d'eau par seconde dans le chenal; on trouve souvent des
vitesses encore supérieures. Lorsqu'il y a des courants
extraordinaires de jusant, la vitesse dans le chenal atteint
de 5 à 6 milles; c'est alors qu'il y a des entraînements de
sable considérables dans le chenal ; ils viennent se
déposer sur la barre; c'est à la suite de tels courants que
la profondeur moyenne de la passe sur la barre s'est
réduite en 1882 à 2^{m}64. Il résulterait de là que le travail
essentiel à exécuter en même temps ou peut-être avant les
travaux des jetées et dragages projetés, serait la fixation
du chenal du nord au moyen de fascinages.

Nous avons vu que, les eaux troubles des rivières
venant déposer les boues qu'elles charrient dans les

vastes bassins intérieurs de décantation, dénommés lagunes
dos Patos et Mirim, le Rio Grande charriait peu de sédiments autres que ceux provenant d'érosions dans le chenal
même près de la mer; on a toutefois observé que ces
érosions pouvaient atteindre quelquefois la proportion
de 35,25 pour mille; en outre les sables de la barre sont
charriés à l'intérieur par le flot et ramenés par le jusant;
il y a un mouvement continuel d'oscillation.

Par les forces de la dynamique terrestre extérieure, les
parois du lit d'une rivière, et de même les apports mobiles de la lagune à Rio Grande do Sul, descendent forcément vers la partie maritime que les marées, les vents et
les courants côtiers tendent de leur côté à envaser, de
sorte qu'il y a bien peu de fleuves à marée même, dont
la conservation ou l'amélioration n'exige des travaux de
curage considérables ; à Rio Grande, il est vrai, les apports
intérieurs par la rivière sont très minimes, mais les apports
du bassin maritime n'en produisent pas moins indirectement les mêmes effets, aggravés encore par le fait que la
marée est presque insensible, ce qui diminue le flot.

M. Honoré Bicalho rappelle que c'est sous l'action
des vents du large que les sables longent la plage, découverte par les marées, et qu'ils ont ainsi formé les dunes
du sud du Brésil; au vent du large succède fréquemment
le vent de nord-est parallèle à la côte; sous l'action de ces
vents, les dunes se mettent en mouvement, en cheminant
visiblement vers le sud le long de la côte ; c'est ainsi que
la même action, qui a autrefois formé la péninsule qui sépare les lagunes de l'Océan, contribue aujourd'hui à modifier
cette péninsule, en détruisant le travail fait antérieurement ;
les sables dans leur marche au sud s'arrêtent à la rive nord
du chenal, près du cap; là, ils sont retenus par l'humidité
et s'élèvent en couches horizontales qui bientôt deviennent insubmersibles, et augmentent annuellement la sur-

face conquise sur l'Océan par l'avancement du cap; l'excédent, en arrivant sur les bords du chenal, s'y dépose; c'est ainsi que se forme la pointe qui marque la section la plus étroite du chenal; à 6 kilomètres en amont de la barre, la section du chenal est de 12,300 mètres carrés, tandis que 1,600 mètres plus bas elle se réduit aux deux tiers, soit environ à 8,000 mètres carrés; ce rétrécissement rapide a augmenté la vitesse du jusant des eaux et a érodé le fond; il y a actuellement dans cette section, la plus étroite, plus de 20 mètres de profondeur d'eau.

M. Bicalho n'assigne pas d'autre lieu de dépôt aux sables cheminant le long de la côte; il nous semble difficile de concorder avec lui dans cette opinion, ayant observé le transport des sables au large devant les bancs de la barre, et c'est là le plus grand aléa qui présentera le maintien de l'ouverture naturelle de la passe après l'exécution des travaux projetés.

Les apports par les courants de la côte, qui, d'ailleurs comme la plupart des courants marins, ont sensiblement la même intensité sur toute leur profondeur, semblent jouer le rôle principal; ce qui rend cependant à Rio Grande do Sul la solution du problème plus facile, c'est que le lit de la rivière ou du chenal d'écoulement n'est probablement pas à modifier; là où des modifications du lit d'écoulement sont nécessaires, on ne peut agir qu'avec la plus extrême prudence, parce que l'expérience seule peut prouver l'utilité des travaux faits et la nécessité de les modifier en cours d'exécution; le chenal de Rio Grande do Sul a un lit profond et presque constant; il n'y a lieu que d'en protéger efficacement les bermes par des ouvrages parallèles au courant afin de diminuer les érosions, qui ne manqueraient pas de devenir plus considérables encore, dès que, par l'approfondissement de la barre, le courant atteindrait une plus grande vitesse.

Les sables qui se trouvent en mouvement dans le chenal du nord, proviennent donc, d'après M. Bicalho, de trois causes différentes qui sont :

1° Les apports de l'intérieur, qui, pendant la saison des fortes crues, ne se sont pas décantés dans les lagunes ; ces apports sont très faibles ;

2° Les érosions de la rive sud du chenal, produites :

a) Par la contre courbe résultant d'une inflexion du courant sur l'autre rive, et

b) Par l'agitation des eaux sous l'action des vents et principalement de celui de nord-est ;

Ces sables restent en suspension dans le thalweg du chenal et se dirigent au sud ; on l'observe par la différence de coloration des eaux ;

3° Les apports qui arrivent dans le chenal par la rive du nord et qui ne peuvent s'y fixer à cause du courant des eaux ; ces apports ne peuvent pas non plus arriver aux eaux qui se trouvent de l'autre côté du thalweg, parce que le chenal se trouve déjà en cet endroit trop près de son embouchure.

Il y aurait donc près de l'embouchure deux courants principaux contenant des alluvions qui proviennent les uns de la rive nord et les autres de la rive sud.

Les eaux du chenal, qui, dans sa dernière partie, n'a guère plus d'un kilomètre de largeur, s'étendent, en arrivant à la barre, sous forme d'éventail par suite de leur perte de vitesse : la périphérie de cet éventail a environ 9 kilomètres de développement moyen.

Les alluvions arrivant à la rive du sud vont se déposer au sud ; ils augmentent le cap du sud-ouest et contribuent au déplacement des bancs du sud-est vers le sud ; les alluvions provenant de la rive du nord engraissent le cap du nord-est et contribuent à augmenter les bancs de l'est ; la perte de vitesse s'accroîtrait encore par

l'action des vents de terre, qui tendrait à faire diverger
le courant au sud-ouest et à l'est ; c'est là une supposition
qui paraît difficilement admissible.

D'autre part, d'après M. Honoré Bicalho, il y aurait
très peu de sables charriés par les courants du chenal qui
iraient augmenter annuellement le centre des bancs ; ceci
tend d'ailleurs à confirmer notre opinion que ce centre est
alimenté par les dépôts des courants du littoral, qui,
n'engraissant pas le cap nord, ne se déposent pas indirectement dans le chenal.

Cependant M. Honoré Bicalho fait remarquer que,
d'après les cartes relevées depuis 1849, en exceptant celle
de Sir John Hakshaw, qui ne paraît pas devoir être exacte,
le cap nord s'avancerait d'environ $6^m 50$ par an, tandis que
les bancs, en faisant abstraction des oscillations temporaires, seraient restés à la même distance d'un point fixe du
continent ; il calcule le volume maximum d'augmentation
annuelle des bancs à 450,000 mètres cubes, ce qui repré-
senterait un engraissement annuel moyen de $0^m 05$ environ
sur toute la surface des bancs.

Les bancs sont essentiellement composés de sables fins
analogues à ceux des dunes de la côte et des rives du
chenal du nord ; la barre de Rio Grande do Sul se présente
comme un chevalet élevé au-dessus de grands fonds des
deux côtés, ressemblant à une dépression du prolongement des dunes de la côte submergée.

Comme il semble peu probable que sur la barre de Rio
Grande do Sul et dans le lit du chenal, il y ait des vases
ténues, le flot n'arrive pas à labourer les passes et à les
affouiller ; il n'y a pas trituration complète des apports,
comme plus bas sur la même côte ; le flot n'exerce aucune
action sur le lit du chenal et le courant du jusant lui est
toujours supérieur ; il ne semble d'ailleurs avoir lui-

même que peu d'action sur le transport des sables, après sa division sur la barre.

Les fortes vagues produites par les effets des vents du large, altèrent profondément la position relative des bancs en les maintenant sensiblement dans la même situation générale; M. Bicalho en conclut, que la barre de Rio Grande est formée par l'apport d'une quantité modérée annuelle de sables mouvants, qui s'est agglomérée pendant une période plus que séculaire à l'embouchure du chenal du nord, par la lutte du courant du chenal du nord avec les forces de l'Océan et au point où le fond est sous l'influence des actions maritimes.

M. Bicalho trouve que la barre de Rio Grande do Sul est du genre des bancs meubles dont la barre de Dublin est le type le mieux étudié (*); mais il ne faudrait pas en conclure qu'il pourrait y avoir analogie avec cette dernière pour améliorer la barre de Rio Grande do Sul, car s'il en était ainsi, il vaudrait mieux y renoncer *a priori*.

M. Caland, inspecteur général et M. J.-W. Welker, ingénieur du Waterstaat de Hollande, qui ont été appelés par le gouvernement brésilien à apprécier le résultat des études de M. Honoré Bicalho, ont été de l'avis de ce dernier, c'est-à-dire que les bancs sont gouvernés et déplacés principalement par l'action des vents; nous relaterons ci-après les points sur lesquels les ingénieurs hollandais n'ont pas été du même avis que l'ingénieur brésilien.

M. Bicalho conclut de son étude sur les vents et les courants, que les vents du large et le flot n'exercent aucune action sur la barre pour y creuser des passes, car ils

---

(*) Voir la description détaillée de la barre de Dublin dans l'étude sur l'*Amélioration d'entrées de ports sur plages de sable*, deuxième partie, par Max Lyon.

s'épanouissent sur toute l'étendue de la barre ; au contraire
les passes sont ouvertes par les forces intérieures; les
vents de terre qui vident les lagunes, et le courant de
jusant. renforcé par ces vents de terre, produisent des
vitesses suffisantes d'écoulement des eaux du chenal pour
ouvrir les passes ; selon la fréquence et la force des vents
de terre, les passes se déplacent et se ferment plus ou
moins, des courants très violents pouvant d'ailleurs avoir
des effets contraires à ceux généralement observés par
les apports des érosions des rives du chenal du nord. Les
vents du nord-est, qui longent la côte, sont cause de l'ouverture de la passe de la région du sud. Ces vents, n'étant
pas abrités par la côte, ouvrent des passes près de terre.
Les vents d'ouest, qui soufflent avec plus de violence
franchement de terre, produisent l'ouverture des passes
de l'est ; les vents d'ouest, étant en partie abrités par la
côte, soit le cap Sud-Ouest, ouvrent des passes loin de
terre ; quelquefois il y a prépondérance des vents de S.-S.-O,
qui font alors approcher la passe de l'est de terre et prendre
la direction du nord-est. Les passes ouvertes dans la direction intermédiaire du sud et du sud-est, proviennent de
la seule force du courant du chenal du nord ; ce courant est
profond et facilite les érosions à la barre quand il peut y
rester concentré ; on a observé en effet que l'action des
vents est complètement insignifiante dans cette direction ;
ce sont ces passes situées dans la direction du chenal,
qu'on considère comme les meilleures, quand elles peuvent
arriver à s'ouvrir et qui se conservent alors le plus longtemps ouvertes ; toutefois, c'est là aussi, que les bancs ont
leur plus grande épaisseur.

M. Bicalho conclut de ces observations que la barre de
Rio Grande do Sul peut être améliorée définitivement en
donnant au courant du chenal du nord une force érosive
suffisante à la barre ; il prétend que la condition fonda-

mentale de l'action érosive suffisante des eaux du chenal
du nord, lorsqu'elles seront canalisées, résulte d'observations directes et comparatives; il semble que c'est là une
affirmation bien hasardée, étant ainsi formulée.

M. Bicalho a recommandé d'effectuer d'abord des améliorations provisoires au moyen de dragages; ces améliorations ont donné un résultat insensible ou presque nul;
il est à espérer que ses avis auront plus de succès pour
les améliorations définitives.

Après les études de M. Honoré Bicalho, le gouvernement
brésilien fit faire, en 1884 et au commencement de 1885,
de nouveaux relevés du plan de la barre; ce plan comparé à ceux relevés par M. Honoré Bicalho, a indiqué
des mouvements très prononcés sur les différents bancs
de la barre; ils ne résultaient pas de variations violentes,
mais de variations graduelles; la barre du sud, la seule
qu'on voulut alors approfondir provisoirement, s'était
avancée en mer, tandis que celle de l'est s'approchait de
terre, et devenait de plus en plus tortueuse. Du côté sud,
les courbes de niveau jusqu'à — 7 mètres se sont allongées ;
au contraire du côté de l'est les courbes de niveau, même
celles de — 10 mètres, ont considérablement reculé; il
s'est en conséquence formé un remblai et un ralentisse-
ment du courant de ce côté de la barre, dont la profondeur
a augmenté de 0^m 40 par suite du rétrécissement du chenal
entre les bancs et le cap.

En dehors du mouvement général indiqué ci-dessus,
on a remarqué, dans la partie la plus haute de la barre du
sud, qui est facilement affectée par l'action directe des
vagues, divers autres mouvements de sables, suivant
d'ailleurs en direction et importance la direction et l'intensité des vents.

L'ingénieur du gouvernement brésilien qui était chargé
de ces études en 1884, M. Saboia, constate encore dans son

rapport, que les hauteurs d'eau enregistrées par les maré-
graphes à mer haute à la barre et à San José do Norte, à
12 kilomètres de la barre, c'est-à-dire en face de Rio Grande
do Sul sur le chenal, dénotaient la grande influence
que les vents du nord-est et du sud-ouest exerçaient sur
les eaux ; malgré les irrégularités dans le flot et le jusant,
il existait fréquemment dans les courbes des marées un
point culminant, qui se manifestait 6 heures environ après
le passage de la lune par le méridien. La plus grande
surélévation des eaux n'était à la barre que de 0^{m}68 et à
San José do Norte de 0^{m}46; la plus grande vitesse du
courant a été de 1^{m}37 par seconde au flot et de 1^{m}45 au
jusant. M. Saboia concluait que pour faire disparaître le
mouvement important des sables qui, d'après son avis,
ne se propageait pas au-dessous des fonds de 3 mètres, et
qui a été l'un des plus grands obstacles au travail de
dragage exécuté à la barre, il était nécessaire de construire
une petite jetée submersible ou guide courant, localisée
dans une position adaptée pour concentrer l'action du
courant sur le chenal, là où travaillaient les dragues, afin
de pouvoir obtenir le plus rapidement possible des fonds
de 3 mètres ; il ajoutait que ce travail et d'autres travaux
analogues de caractère provisoire, devaient faire partie de
la série des travaux auxiliaires aux dragages, qui étaient
indispensables, parce que certaines actions naturelles pouvaient seulement être neutralisées par des forces naturelles
également continues et puissantes.

C'est en suite de cette nouvelle étude, que M. José
Ferreira de Moura, Ministre des travaux publics du gouvernement brésilien, reconnut prudent, avant d'entre-
prendre les travaux recommandés par M. Bicalho, de
consulter d'abord M. James B. Eads, qui avait ouvert avec
tant de succès les bouches du Mississipi; en même temps
M. Honoré Bicalho était envoyé en Europe, pour prendre

surtout l'avis des ingénieurs hollandais et français les plus distingués, qui s'étaient occupés des questions d'amélioration de barres; c'est comme conséquence de cette mission que fut décidé le voyage à Rio Grande do Sul de MM. Caland et Welker.

En 1885, on fit de nouvelles levées de plans; on vit que la barre sud continuait à s'avancer en mer dans la direction de S.-S.-O. pendant que les bancs de l'est ou plutôt du nord-est s'allongeaient vers le nord en s'approchant de terre; en même temps les sommets des bancs du sud et du sud-est, qui limitaient l'ancienne barre du sud-est complètement obstruée, étaient attaqués par les courants qui les longeaient; les déblais en provenant allaient se déposer en partie au nord de la barre, en provoquant l'allongement des bancs du sud-est, et en partie au sud de la barre dans l'angle formé par les bancs du sud-ouest avec la côte, là où les courbes de niveau s'éloignaient de terre vers la mer, ce qui indiquait ainsi un ensablement.

Après une grande tempête du nord-est, qui dura deux jours, les 9 et 10 juillet 1885, coïncidant par hasard avec des pluies diluviennes tombées sur toute la région de l'intérieur, le jusant, qui descendait avec une vitesse considérable le chenal du nord, rencontra les bancs du sud, dont la couronne avait émergé de l'eau, en suite d'une dépression extraordinaire du niveau des eaux; ce jusant se divisa, allant d'un côté approfondir la barre du sud-ouest, et de l'autre côté creuser à travers les bancs du sud-est une passe totalement nouvelle dans la direction du thalweg de l'ancienne passe du sud-est; il y eut alors trois passes sur la barre : celle du nord-est avec 2^m50 de profondeur, celle du sud-est avec 3^m50 de profondeur et enfin celle du sud-ouest avec 4^m50 de profondeur, toutes ces cotes étant rapportées aux plus basses eaux.

Par suite de la sortie du courant par la passe du sud-est,

celle du nord-est a commencé à s'ensabler promptement et a fini par être complètement obstruée. Les deux autres passes diminuèrent aussi de 1 mètre de profondeur en moins d'un mois. La passe du sud-est continuait ensuite seule à diminuer de profondeur et en même temps se dirigeait au nord, en s'approchant de la position de l'ancienne passe de l'est. Quant à la passe du sud-ouest, elle garda pendant le restant de l'année 1885 une profondeur à peu près constante, après avoir cheminé un peu à l'ouest; c'est par cette passe que passaient alors tous les navires. A la barre, la plus grande hauteur d'eau observée fut de 1^{m}80 au-dessus de 0 par une tempête de O.-S.-O., où le vent atteignait une vitesse de 101 kilomètres à l'heure, et la plus petite de 0^{m}38 par une tempête de N.-E., où le vent avait la même vitesse maxima. La plus grande déclivité dans le chenal du nord fut de 0^{m}073 pendant le jusant par vent de nord-est. La plus grande vitesse du courant fut de 1^{m}80 par vent de nord-est frais mesurée au jusant et de 1^{m}443 par de sud-sud-ouest mesurée au flot; par une violente tempête du O.-S.-O. on n'observa ni grand jusant, ni grand flot; en mer on mesura un courant de 0^{m}49 par 14 mètres de profondeur.

Par un vent d'est frais on a observé un maximum de déclivité des eaux dans le chenal du nord entre la barre et San José do Norte de 0^{m}073 par kilomètre pendant le jusant et 0^{m}052 pendant le flot.

MM. Caland et Welker, en se servant des données des observations réunies par M. Bicalho dans son rapport et des observations des deux années suivantes, arrivent à des conclusions de principe analogues à celles de M. Bicalho, c'est-à-dire, que c'est par la fixation du courant du chenal près de la barre, au lieu de son épanouissement, qu'il faudra arriver à améliorer la barre.

M. Caland résume en quelques lignes et d'après ses pro-

pres appréciations les phénomènes qui ont été longuement
développés; les eaux sortant du chenal du nord, dit-il, se
dispersent aussitôt après en être sorties, sur une grande
étendue, et perdent par conséquent la majeure partie de
leur vitesse; elles ne peuvent plus maintenir la plus
grande profondeur qu'elles avaient, lorsqu'elles étaient
réunies dans une seule passe et déposent les sables que,
jusque-là, elles avaient la force d'entraîner. C'est en été et
dans les temps de sécheresse, lorsque le débit des rivières
qui se jettent dans la lagune dos Patos, est peu considérable, que les vents du nord et du nord-est font baisser le
niveau de la mer en même temps qu'ils rehaussent le niveau
de la partie méridionale de la lagune, de façon à rendre
possible l'écoulement des eaux de la lagune vers la mer ;
mais aussitôt que, dans ces circonstances, le vent tourne
vers le sud-est ou vers le sud-ouest et que les marées s'élèvent
sensiblement, les eaux de la mer se jettent avec une
grande vitesse à l'intérieur ; M. Caland ajoute d'ailleurs
aussi que cette vitesse peut atteindre 1^m 50 par seconde
d'après les observations de la commission, et qu'elle fait
sentir son action jusqu'à une distance de 180 kilomètres
dans la lagune; n'oublions pas cependant que cette vitesse,
relativement considérable, ne se produit que dans le chenal, et que les eaux, après avoir franchi la barre, n'entrent
d'abord qu'avec de faibles vitesses dans les feuillets de
l'éventail du chenal, et que ce n'est que par ces divers feuillets
qu'elles viennent se concentrer dans le chenal; M Caland
ajoute que les eaux de la mer, qui ne se réunissent ainsi
en un seul thalweg que dans le chenal du nord, sont dis-
persées sur la barre sur une grande surface, et y ont trop
peu de vitesse pour pouvoir y creuser des passes de la
profondeur désirée ; aussi longtemps que durera cet état
de choses, la barre ne pourra subir que des changements
relativement faibles, et les actions des vents et des cou-

rants accidentellement réunis, sont insuffissantes pour produire des améliorations permanentes. Les bancs sont dominés par les lames et les divers courants et changent continuellement de forme aussi bien que de hauteur, de sorte que les passes sont livrées sans aucune protection au jeu des accidents. M. Caland continue en prévoyant que cet état de choses, au lieu de s'améliorer, ne pourra que s'aggraver dans l'avenir ; en effet, les masses de sables déposées depuis des siècles devant l'embouchure du chenal du nord, ne peuvent que continuer à augmenter. Les apports de sables de l'Océan à la côte, qui ont probablement formé les lagunes dos Patos et de Mirim, comme cela a été indiqué par la commission de 1883, n'ont pas du tout cessé. Aujourd'hui encore les vagues jettent du sable sur la côte. comme cela arrive partout où les côtes ne sont pas corrodées par les courants. En ce point M. Caland semble différer d'opinion avec M. Honoré Bicalho, qui croit au contraire qu'il y a des érosions de la côte ; il est probable qu'il y a une période alternative d'érosions et d'apports, et que c'est là un des aléas graves, qui ne permettent pas *a priori* des conclusions aussi affirmatives que celles qu'on s'est plu à formuler.

La différence apparente entre le projet de M. Bicalho et celui de M. Caland réside, d'après M. Saboia, dans la direction à donner aux jetées ; M. Bicalho a reconnu lui-même que, quand il a dressé son projet, il n'avait pas encore de données suffisantes pour déterminer cette direction, et qu'il s'était arrêté à un projet donnant le moins de dépenses possibles ; M. Bicalho avait, d'ailleurs, déjà indiqué avant M. Caland, dans un rapport présenté par lui le 24 octobre 1885 au ministre de l'agriculture, du commerce et des travaux publics du Brésil, qu'il fallait donner au chenal de sortie la direction du sud-est ; son orientation entre les jetées devait indubitablement, d'après lui, se trouver dans la partie comprise entre les jetées dans l'angle nord-sud, l'axe du chenal du nord et sud-est, perpendiculairement à la ligne du rivage ; il paraissait d'ailleurs difficile d'en déterminer l'emplacement d'une façon définitive, mais on devait se réserver de se mouvoir dans les limites de cet angle.

M. Caland est d'avis que la presqu'île située entre la lagune dos Patos et la mer, qui est composée d'une plage de sable et de dunes, est nourrie constamment par la mer et forme une source inépuisable de sable mis en mouvement par les vents puissants du nord-est qui soufflent pendant une grande partie de l'année ; ce sable se dépose sur les bancs en diminuant en même temps la profondeur des passes.

L'action directe de la mer sur les bancs est la même. Pendant que les vents soufflent du large, les sables dont se compose le fond de la mer sont soulevés par les vagues et rejetés sur les bancs, dont ils augmentent le volume, parce qu'ils ne peuvent plus être atteints par les courants de la côte ; si ce fait a lieu dans la même période où les eaux de la mer entrent dans la lagune, il est évident que les sables se déplaceront en même temps sensiblement vers l'intérieur et qu'ils auront pour effet de diminuer la profondeur des passes ; dans ces circonstances le courant peut augmenter la profondeur dans une certaine mesure ; toutefois à la longue cette cause d'ensablement doit contribuer à détériorer les passes ; ce sont là les faits auxquels M. Caland semble attribuer avec raison une influence capitale dans la formation de la barre, faits que M. Honoré Bicalho et la commission de 1883, n'avaient point pris en sérieuse considération. Mais M. Caland se range à l'avis de M. Honoré Bicalho sur la partie des apports provenant de l'érosion des rives du chenal et de la partie méridionale de la lagune par les vents du nord-est.

Après l'examen et la remise du rapport de M. Caland, des études de détail furent continuées à la barre ; les variations multiples que la barre et les passes ont subi depuis 1885 ont eu pour conséquence des tâtonnements et modifications successives dans les projets de longueur et de direction des jetées. En 1886 la passe du sud-ouest a progressivement diminué de profondeur pendant que celle de la passe du sud-est augmentait ; ces différences de profondeur des passes se produisaient en même temps que leur emplacement s'avançait respectivement vers l'ouest et vers l'est en s'approchant du rivage ; ces variations, qui se sont continuées d'une façon constante, ont été considérables pour la passe du sud-est, plus exposée aux influences des vagues de l'océan et des courants de l'intérieur que la passe du sud-ouest, qui se trouve mieux abritée des vagues par la tête ouest du banc du sud ; pendant ce temps, le banc qui se trouvait en prolongement du cap sud, tendait à dévier le courant par son avancement constant vers le sud. En août 1885, l'issue de la passe sud-est se trouvait exactement dans l'orientation sud-est de la boussole ; à la fin de 1886 la passe avait reculé de 1,300 à 1,400 mètres plus à l'est ; la position de la barre du sud-ouest avait moins varié ; la direction de la passe à la fin de 1886 ne faisait qu'un angle de quelques degrés avec la direction d'août 1885, et son emplacement se trouvait seulement à 300 ou 400 mètres plus à l'ouest ; la profondeur de 3^{m}50 s'est maintenue jusqu'en septembre 1886 ; elle a alors diminué de 0^{m}40, et à la fin de 1886, il n'y avait plus que 2^{m}80 d'eau à l'étiage par temps calme, c'est-à-dire la même profondeur que celle qu'avait eu au commencement de 1885 l'ancienne passe du nord-est, qui à la fin de 1886 était complètement fermée, parce que le banc de l'est avait rejoint la côte ; à cette époque il n'y avait d'ailleurs plus qu'un mètre d'eau sur ce banc.

Nous avons vu qu'après la grande crue de 1885, il s'est produit le même phénomène que celui relaté par les études de M. Bicalho, de 1883 à 1885; le mouvement de la barre était toujours sous l'influence de deux forces qui sont en lutte sur la barre : d'abord l'action des vagues qui, d'après M. Saboia, agissant contre la barre du sud située entre les deux passes, transportent non seulement les sables de l'extérieur vers l'intérieur des bancs, mais encore accumulent les sables sur les talus extérieurs des bancs, tantôt à l'est, tantôt à l'ouest, suivant leur direction, en produisant l'avancement des pointes de l'est et de l'ouest des bancs; ensuite, l'action du courant de flux et de reflux du chenal du nord qui tend à maintenir un passage libre à travers les bancs, et qui, ne pouvant lutter contre l'avancement des pointes des bancs sud, est obligé de se dévier, en s'approchant toujours plus de terre, jusqu'à ce qu'une crue extraordinaire d'eaux douces, comme celle de juillet 1885, détermine l'ouverture de passages plus directs.

Entre les mois d'août 1886 et de février 1887, la passe du sud-est est restée presque stationnaire; sa profondeur a seulement augmenté jusqu'à 3^{m}10; la passe du sud-ouest s'est par contre approchée de terre par l'allongement d'environ 500 mètres de la pointe ouest du banc du sud; elle a en même temps avancé de 300 mètres et sa profondeur a diminué jusqu'à 2^{m}80.

Dans la partie extérieure de la passe, abritée par les bancs, il n'y a pas eu de changement sensible du côté de la passe du sud-est; à la passe du sud-ouest les courbes de niveau se sont considérablement amincies; la courbe de 9 mètres se trouvait 700 mètres en avant du point où elle était en 1886; le talus oriental du banc de sud-ouest s'est considérablement arrondi; le point extrême du banc à l'entrée de la passe du sud-ouest s'est avancé de 150 mètres vers le sud-ouest.

En dehors des bancs et près de la passe, les courbes de niveau ont reculé au nord de la passe de sud-ouest et se sont avancées vers le sud, indiquant ainsi un mouvement des sables du nord au sud.

Entre février et décembre 1887, il y a eu un déplacement extraordinaire de la passe du sud-est par l'avancement de la pointe est du banc du sud de 800 mètres dans la direction du nord-est et vers terre ; la passe de sud-ouest a aussi continué à se mouvoir vers terre en suite de l'avancement de la pointe ouest dudit banc du sud, avancement qui a atteint plus de 500 mètres.

A l'intérieur, les courbes de niveau ont reculé du côté du sud-est où il y avait à peine des traces de fonds de 6 mètres, et ont continué à avancer du côté du sud-ouest ; cet avancement a atteint environ 800 mètres pour la courbe de 9 mètres. Le talus oriental du banc du sud-ouest a aussi continué à se désagréger ; sa pointe s'est déplacée de 500 mètres vers le sud-ouest ; en suite de ce déplacement et du mouvement du banc sud vers le nord, l'entrée de la passe du sud-ouest s'est trouvée mieux en face de la sortie des eaux du chenal du nord. Ces faits prouvent la diminution du courant de jusant à la passe de sud-est et son augmentation à la passe de sud-ouest, augmentation qui a non seulement produit la corrosion du fond, mais encore l'avancement de la crête de la barre.

La profondeur de la passe de sud-ouest a augmenté de 2^m80 à 3^m10, pendant que celle de la passe de sud-est est tombée à 2^m80 ; la partie la plus basse de la passe se trouvait à mi-chemin entre le point de bifurcation du chenal et sa sortie à la mer.

Un fait important, relevé à cette époque, est la tendance à la formation d'un passage plus direct à travers la barre du sud, à 1,500 mètres à l'est de la passe du sud-ouest ; cette tendance s'est manifestée aussi bien par la dépression qu'on trouvait en ce point où les basses eaux ordinaires étaient à 2^{m}40, que par la pointe que formaient les courbes de niveau dans cette direction.

En ce qui concerne les contours extérieurs des bancs et le fond de la mer près de ces derniers, il y a eu avancement du côté de la passe de sud-est, non seulement en face de cette passe, mais encore au nord, près des bancs de nord-est, où des sables se sont déposés. Du côté de la passe de sud-ouest les courbes de niveau de 4 mètres, 5 mètres et 6 mètres, se sont aussi avancées en face de la passe ; mais sur les deux talus, ces courbes, comme celles plus profondes, ont reculé, ce qui indique qu'il y a eu érosion.

Il résulte de ces observations et de celles relatives aux vents, que du printemps à l'automne, où le vent du nord-est prédomine considérablement, il y a eu érosion au nord et atterrissement au sud de la passe, tandis que pendant le reste de l'année, où prédominent les vents de sud-ouest, il y a eu érosion au sud et atterrissement au nord de la passe, ce qui prouve qu'il y a transport de sables tantôt du nord au sud, tantôt du sud au nord, selon la direction des vents. La corrosion du fond, au sud de la passe, dans la période de février à décembre 1887, n'a toutefois pas détruit entièrement l'atterrissement qui a eu lieu dans la période antérieure, d'août 1886 à février 1887 ; la raison en est probablement qu'il y a eu transport de sable du nord au sud pendant les mois de septembre à décembre 1887, où le vent du nord-est a de nouveau régné.

Si l'on compare le plan de décembre 1887 à celui de juillet 1885, on voit que la passe de sud-est s'est déplacée au nord-est d'environ 2 kilomètres, en s'approchant de

terre, de telle sorte que sa distance au cap nord, qui était
en 1885 de 3 kilomètres, ne se trouvait plus avoir que
2 kilomètres, et que sa direction, qui était approximativement S.-E., a passé à E.-N.-E. ; quant à la passe du sud-
ouest, elle s'est déplacée de 650 mètres environ, en
s'approchant de la côte, dont elle était éloignée à la fin de
1887 de 2,200 mètres, tandis que cette distance était de
2,700 mètres en 1885; sa direction a changé de S.-O., qu'elle
avait en 1885, à O.-S.-O., c'est-à-dire parallèle à la côte.

Les changements des deux passes ont été produits par
les mouvements du banc du sud, qui s'est approché d'environ 500 mètres vers terre, en s'allongeant en même
temps vers l'est et l'ouest par la corrosion de son talus
extérieur ; entre les courbes de niveau de 2 mètres sa
largeur s'est réduite de 1,200 à 550 mètres pendant que sa
longueur passait de 1,650 à 4,100 mètres.

A l'intérieur, le chenal principal s'est déplacé à l'ouest
par la corrosion du talus oriental du banc de sud-ouest,
dont la pointe a avancé de 200 mètres au sud, tout en
rétrécissant l'entrée de la passe de sud-ouest et en produisant le rapprochement du thalweg de cette passe vers
le banc du sud ; les courbes de niveau jusqu'à 5 mètres se
sont considérablement avancées dans la direction de la
passe de sud-ouest, en reculant en même temps de la
passe de sud-est où les fonds supérieurs à 6 mètres ont
disparu ; mais les courbes de niveau de 10 mètres ne se
sont déplacées qu'insensiblement. Cet avancement des
courbes de niveau dans la passe de sud-ouest a été suivi
de celui de la ligne de fond de cette passe, qui s'est
avancée d'environ 600 mètres au dehors, pendant que la
ligne de fond de la passe de sud-est est restée à la même
distance du chenal du nord, à laquelle elle se trouvait
antérieurement, ou a même reculé ; en effet, le point le
plus bas du plan de décembre 1887 est à environ

600 mètres à l'intérieur de la ligne extérieure des bancs.

Il est donc évident qu'à cette époque, le courant de jusant du chenal du nord a continué à se dévier de la passe du sud-est et à se concentrer dans celle de sud-ouest, dont le thalweg s'est approfondi au préjudice de la passe de sud-est qui se comblait rapidement ; on présumait que dans quelques années elle se comblerait entièrement comme cela est arrivé avec l'ancienne passe de nord-est. Un autre fait qui résulte du rapprochement des plans de juillet 1885 et de décembre 1887, est le grand changement qui a eu lieu dans la ligne des basses eaux à la sortie du chenal du nord en suite de l'érosion des caps et du rattachement à la terre de l'ancien banc de sud-est.

La concentration du courant, ou pour mieux dire, l'augmentation du volume des eaux qui traversait la passe du sud, n'a pas produit d'autre résultat que l'avancement de la ligne de fond de la passe, la raison en étant évidemment dans le manque de direction convenable du courant, qui, au lieu de converger en un seul point, se divisait en divers chenaux. La profondeur de la passe, qui était de 4^{m}50 en juillet 1885 et encore de 3^{m}50 en août 1886, se trouvait réduite à 2^{m}50 en février 1887 ; entre février et décembre 1887 la profondeur avait de nouveau augmenté de 0^{m}30.

La carte ci-jointe montre, mieux que nous ne saurions les décrire, les nouvelles modifications subies par la barre et les passes en 1889 ; le gouvernement brésilien n'a pas encore fait connaître officiellement les changements qui ont pu survenir depuis cette époque, mais d'après les données recueillies par nous, en 1891 comme en 1889, c'est à la passe sud qu'il y avait le plus d'eau.

M. Ernest E. Sawyer, ingénieur anglais, qui a été chargé au début de l'exécution de travaux sur place pour le compte d'une société d'entreprise, estime aussi que l'éro-

sion continuelle le long de la côte ouest et le rétrécissement actuel du chenal sont les causes principales de l'ensablement permanent de la passe ; l'influence de cette
cause aurait d'ailleurs été démontrée en 1891 à la pointe
de Mangueira où l'on avait établi des trapiches ; une érosion de la berge ouest aurait été clairement indiquée et
elle aurait atteint 3 mètres en 5 mois seulement avec
les eaux ordinaires, sans aucune crue ; d'ailleurs des maisons bâties près du chenal, et qui étaient habitées il y a
3 ou 4 ans, seraient immergées et auraient disparu.

MOYENS A EMPLOYER POUR AMÉLIORER LA BARRE
DE RIO GRANDE DO SUL

M. Honoré Bicalho indiquait qu'il y avait lieu de partager en deux périodes successives les travaux d'amélioration de la barre de Rio Grande do Sul ; il recommandait
d'exécuter d'abord une amélioration immédiate de la
barre, en approfondissant l'une des passes naturelles au
moyen de dragages, de façon à augmenter l'action érosive
des crues; M. Bicalho choisissait, en 1883, pour cette amélioration provisoire. une passe située au sud de l'embouchure du chenal du nord entre les bancs sud et sud-ouest ;
cet emplacement réunissait à la circonstance d'être très
bien situé dans l'axe du chenal du nord celle qu'il y avait
moins à déblayer qu'ailleurs ; M. Bicalho voulait donner
à la passe une profondeur de 4^{m}50, correspondant au
tirant d'eau du plus grand navire auquel on aurait voulu
faire franchir la barre ; M. Bicalho calculait qu'il n'y avait
alors que 2,000 mètres cubes à draguer par mètre de largeur du chenal ; il recommandait aussi de rectifier la
dernière partie du chenal, qui donne la direction au cou-

rant à son embouchure dans la mer, en supprimant l'étranglement qui se trouve dans la section la plus étroite, et qui produisait des remous nuisibles à la régularité du chenal; M. Bicalho voulait ainsi conserver au chenal une largeur moyenne de 1,000 mètres; pour effectuer les dépôts des dragages, il proposait de construire une estacade en palplanches de 500 mètres de longueur, afin de pouvoir déposer derrière un cube de 400,000 mètres de déblais; cette estacade a d'ailleurs été exécutée; M. Bicalho considérait comme nécessaire pour améliorer provisoirement la barre jusqu'à 4 mètres de profondeur, de fixer, immédiatement du moins, les parties des dunes qui se trouvaient sur les bords du chenal et celles qui se trouvaient jusqu'à une vingtaine de kilomètres en amont et en aval de l'embouchure du Rio Grande do Sul; anticipons ici sur le chapitre spécial que nous consacrerons aux travaux exécutés, en disant que M. Bicalho faisait immédiatement exécuter quelques plantations de cèdres maritimes et clôturer les terrains appartenant à l'Etat afin de protéger les plantations; en 1883 on a planté ainsi 40,000 plants de galho sur une superficie de 26 hectares et demi.

M. Bicalho conseillait aussi de planter des eucalyptus, des pins maritimes et des wattle trees; ces derniers poussent aussi vite que le pin maritime.

M. Bicalho était d'avis, dès que les navires franchiraient la nouvelle passe, de concentrer dans cette direction le courant du chenal du nord, au moyen de rangées de palplanches partant des deux caps et allant jusque par des fonds de 1^{m}50. La première estacade à exécuter était celle du cap nord-est, qui devait avoir pour but d'empêcher le s eaux du chenal de se reporter à l'est. Dans l'idée de M. Bicalho, les effets de cette estacade devaient être de rendre plus efficace l'action du courant sur le chenal provisoire, et de préparer en même temps des fonds pour les travaux définitifs, qu'on pourrait alors exécuter plus économiquement ; M. Bicalho croyait qu'on pourrait ainsi conserver à la passe une profondeur de 4 mètres en dragant 200,000 mètres cubes par an, mais que la passe serait toujours temporairement impraticable pendant et après les grandes tempêtes.

MM. Carvalho Bastos et Ahrons se sont aussi occupés d'une amélioration provisoire de la barre ; le projet qu'ils ont présenté à cet effet au gouvernement brésilien avait pour but la régularisation du chenal du nord au moyen de murs de revêtement, d'épis, etc., en même temps que le dragage d'un chenal sur la barre dans la direction du sud-ouest ; les auteurs du projet prétendaient que les eaux, en sortant du chenal du nord, augmentées de celles du courant de la mer, maintiendraient la passe draguée ; M. Caland, appelé aussi à critiquer ce projet, faisait observer que le courant de la mer ne saurait se faire sentir qu'à l'extérieur et non pas à l'intérieur de la barre, ce qui serait nécessaire dans le sens de ce projet ; l'exécution de ce projet n'aurait donc pas la moindre influence sur l'état de la barre et le chenal, une fois dragué, ne pourrait se maintenir qu'au moyen de travaux artificiels sur la barre.

M. Bicalho recommandait de commencer le plus tôt possible ce qu'il appelait l'amélioration définitive de la barre, après s'être rendu compte de la modification que devait produire dans la situation des bancs l'exécution des travaux préliminaires, et sur lesquels nous reviendrons encore ci-après.

M. Bicalho proposait d'améliorer définitivement la barre par la construction de deux jetées, qui empêcheraient *probablement* sa formation ultérieure ou n'exigeraient un nouveau prolongement que dans un avenir si éloigné, qu'il semblait inutile d'en tenir compte dans le présent ; lors de la rédaction de son rapport de 1883, M. Honoré Bicalho considérait que la barre de Rio Grande do Sul était de même nature que celle de la Liffey, et qu'après la construction des deux jetées il arriverait ce qui est arrivé à Dublin dans des conditions analogues.

M. Honoré Bicalho croyait que la barre de la Liffey avait disparu avec la construction de la seconde jetée et que l'entrée du chenal entre les môles ne s'était pas obstruée, mais qu'au contraire la profondeur avait augmenté successivement avec le temps ; M. Bicalho était aussi d'avis que la lame, d'après les observations faites depuis 1849, n'agissait plus sur les fonds d'un peu plus de 9 mètres, puisque la situation de ces fonds s'était maintenue devant la barre, si on la rapporte à un point fixe placé en terre ; si par la construction des jetées, le courant des eaux canalisées par ces jetées, empêchait l'accumulation des dépôts à la profondeur de 9 mètres, à une certaine distance de ses extrémités, aucun dépôt ne se formerait en avant des jetées, en tant que le fond de 9 mètres le long de la côte resterait à la même distance des extrémités des jetées.

M. Eads admettait, en dressant son projet d'amélioration de l'embouchure de la rivière Saint-Jean, en Floride, et en se basant sur ce qu'il avait obtenu au Mississipi, que la construction de jetées analogues devait toujours amener le courant à donner sur la barre une profondeur de 55 à 60 °/₀ de celle de l'endroit le plus étroit dans le chenal ; en prenant les parties normales étroites du chenal de Rio Grande do Sul, on arriverait ainsi à une profondeur de 9 mètres sur la barre ; toutefois, ce fond de 9 mètres peut s'éloigner de l'extrémité des jetées par l'avancement au large de la côte, et dans ce cas, l'on retombe dans une autre difficulté relative à l'exécution des travaux d'amélioration, c'est-à-dire qu'on aura de nouveau des dépôts de matériaux meubles maritimes.

M. Honoré Bicalho affirme encore, d'après les observations qu'il à citées, que ces matériaux ne sont qu'en
quantités relativement faibles à la barre de Rio Grande do
Sul, et que leur provenance pourra être éliminée par la
fixation des dunes et le revêtement des rives du chenal;
toutefois, d'après M. Bicalho, en admettant les choses au
pis, c'est-à-dire que la côte s'avance annuellement en
moyenne de 6ᵐ50, comme elle l'aurait fait jusqu'alors,
et en n'admettant même pas que les fonds de 9 mètres
continuent à se maintenir, comme ils l'auraient fait jusqu'à présent, les jetées ne seraient qu'à prolonger de
6ᵐ 50 par an, prolongement qui, pour le Mississipi avait
été calculé à 30 mètres par an; il nous semble que
M. Bicalho n'a pas tenu suffisamment compte dans cette
appréciation, des apports côtiers charriés actuellement à
l'extérieur le long des bancs sans s'y arrêter et qui vien-
dront se déposer après l'exécution des jetées; enfin, il y a
les dépôts extérieurs temporaires et qui sont ensuite
repris par les courants, condition d'équilibre qui sera
détruite après l'exécution des jetées.

Dans son rapport sur l'amélioration de la barre de Rio
Grande do Sul, M. Caland reconnaît que le projet de
M. Honoré Bicalho est le seul qui repose sur une étude
scientifique sérieuse, parce que M. Bicalho a étudié et tenu
compte de l'action des vents, des lames et des courants;
en conséquence, le mode d'après lequel M. Caland propose
d'améliorer la barre de Rio Grande do Sul, ne diffère pas
essentiellement de celui que M. Honoré Bicalho a proposé;
nous reproduirons cependant presque en entier les considérations que M. Caland a fait valoir, parce qu'il semble
tenir mieux compte des forces extérieures que ne l'avait
fait M. Bicalho, et qu'il précise des faits sur lesquels
M. Bicalho était et devait être encore dans le doute.

M. Caland constate d'abord que les quantités d'eau débitées par les lagunes dos Patos et Mirim, d'une superficie de 10,000 kilomètres carrés, sont suffisantes pour entretenir un chenal d'une profondeur considérable ; ces quantités d'eau atteignent en effet dans la saison sèche, au moins en moyenne, 3,800 mètres cubes par seconde ; dans la saison humide, elles peuvent atteindre 14,000 mètres cubes par seconde avec une vitesse de $1^m 80$; la moyenne annuelle du débit est de 5,000 mètres cubes par seconde, soit environ 18,000,000 de mètres cubes par heure ; M Caland rappelle ensuite qu'en été, lorsque les lagunes se vident rapidement, parce que la mer est basse, sous l'action des vents du nord et du nord-ouest, et que le vent tourne entre le sud-est et le sud-ouest, ce qui fait remonter la mer et diriger ses eaux à l'intérieur pendant un temps qui peut se prolonger, il se produit alors un courant considérable dont la vitesse peut atteindre $1^m 50$ par seconde, vitesse qui pourrait être utilisée pour les effets que le courant pourrait avoir sur la barre, s'il y existait un seul et unique chenal comme celui du chenal du nord, au lieu de ce large espace par lequel les eaux se précipitent dans ce chenal.

M. Caland est d'avis que, si la barre ne s'avance pas de plus en plus en mer, ou ne s'avance que lentement, malgré les apports considérables qui se produisent en suite des diverses causes que nous avons énumérées, cela tient aux courants de la mer qui longent la côte et qui se dirigent soit au nord-est, soit au sud-ouest selon la direction des vents, action constatée par la tangence de la barre à la direction desdits courants ; M. Bicalho avait indiqué que la vitesse de ces courants était de $0^m 30$ à $0^m 60$ par seconde ; M. Caland est d'avis, et nous l'avons nous-même observé, que cette vitesse est probablement plus grande dans la période où les vents sont forts ; enfin, la voie navigable fournie par le chenal du nord prouve ce qu'on pourrait obtenir, si l'on utilisait, conduisait et réglait les mêmes forces à la barre ; M. Caland passe ensuite à l'examen des influences nuisibles à combattre et affirme que dans les circonstances indiquées, le choix des moyens à employer pour l'amélioration de la barre, ne saurait être douteux ; M. Caland divise ces influences nuisibles en quatre groupes :

1° Les eaux, c'est-à-dire aussi bien les eaux fluviales sortantes que celles amenées par le flot, se divisent sur la barre dont la circonférence est d'environ 12 kilomètres du côté intérieur et qui forme à peu près un arc de cercle ayant l'embouchure du chenal du nord pour centre ; à mesure qu'on s'approche de ce centre, les courants se réunissent davantage et forment par conséquent des chenaux plus profonds ;

2° Au fur et à mesure que les eaux s'éloignent du centre indiqué, c'est-à-dire s'approchent de la barre, leur direction est de plus en plus sous l'influence des vents changeants et les dimensions aussi bien que les profondeurs des passes sont de plus en plus variables ; en conséquence les changements dans les passes et sur les bancs sont de plus en plus grands, à mesure qu'on s'éloigne du centre indiqué ;

3° A défaut de courants assez forts sur la barre, l'influence des vents y est prépondérante et les passes qui les traversent ont un débit très variable. La suprématie de l'une des passes sur les autres, ne saurait donc durer plus longtemps que l'action de la cause qui l'a produite, c'est-à-dire celle de la direction du vent qui subit des changements considérables ;

4° Les apports constants de sables à la barre, qui doivent avoir pour conséquence une lente mais sûre détérioration des passes.

M. Caland ajoute qu'aucune de ces influences ne possède un caractère essentiel, propre à la nature d'origine des situations, et par conséquent immuable ; au contraire, elles ne seraient que les conséquences du libre exercice, pendant un grand laps de temps, de certaines forces, tour à tour prépondérantes ; ces influences pourraient donc être éléminées, en suivant l'exemple d'ordre et de fixité qu'on trouve dans le chenal du nord ; le prolongement du chenal jusqu'à la mer se présenterait ainsi par lui-même comme le moyen le plus simple et en même temps le plus sûr pour arriver à la solution du problème.

M. Caland passe ensuite aux avantages de l'amélioration de la barre, et encore là nous ne pouvons mieux faire que de reproduire presque textuellement le passage correspondant de son étude : ce n'est qu'au moyen d'un tel prolongement qu'un chenal profond peut à la longue être maintenu ; de cette façon, les forces dont on peut disposer, seront réglées et réunies et les influences nuisibles auront perdu leurs conséquences ; c'est là l'avantage de toute amélioration directe et c'est ce qui la distingue des palliatifs qui n'agissent pas sur les causes ; aussitôt que le chenal du nord sera artificiellement prolongé, les eaux de la mer et celles de l'intérieur seront forcément conduites dans un seul chenal de dimensions considérables, et les courants de la côte maintiendront la profondeur devant les travaux à construire, d'autant plus que ces courants seront renforcés par l'action des travaux qui s'éléveront au-dessus du niveau de la mer.

Nous avons vu ci-dessus que nous ne croyons pas pouvoir partager dès maintenant cette dernière opinion. M. Caland recommande ensuite le mode d'amélioration par les jetées, d'autant plus, dit-il, qu'il présente, à son avis, les meilleures garanties pour un succès permanent.

Ce sont là des points de principe, du moins, sur lesquels

l'ingénieur hollandais Waldorp, appelé dans la suite à examiner pour le compte d'une entreprise, les projets précédemment étudiés, semble être d'accord avec Messieurs Bicalho et Caland, quoique, comme nous le verrons ci-après, il propose des modifications importantes à leurs projets, modifications dont la présente étude permet aisément d'apprécier la valeur et les conséquences.

RÉSUMÉ HISTORIQUE DES PROJETS D'AMÉLIORATION

DE LA BARRE DE RIO GRANDE DO SUL

Le projet le plus ancien d'amélioration de la barre, qui soit connu, date de 1855, c'est-à-dire de l'époque du développement de la navigation à vapeur au Brésil. Le lieutenant-colonel du génie maritime du Brésil, Ricardo José Gomes Jardim est l'auteur de ce projet; après avoir étudié l'état de la barre pendant plus de huit mois, les conclusions de son rapport furent très défavorables; d'après lui, toutes constructions en pierres ou en bois, destinées à prolonger le lit de la rivière ou à donner plus de force au courant, sont ou bien inexécutables ou bien plus nuisibles qu'utiles; ces constructions, qui ont pour but de canaliser la rivière, pourront, à la vérité, concourir, après les déplacements du chenal, qui ont souvent lieu à la barre, à en approfondir à nouveau le lit; mais elles n'empêcheront pas ces déplacements et ne les rendront pas moins fréquents; en outre, elles seraient inexécutables en pierres, et, en bois, elles offriraient peu de sécurité et exigeraient des réparations très souvent impraticables et toujours très coûteuses; M. Jardim recommande, en conséquence, d'essayer comme moyen d'augmenter l'action naturelle des courants pour approfondir la passe, l'emploi du désagrégateur hydraulique dont on a fait usage à l'entrée de la Mersey ou quelque autre appareil plus perfectionné de la même espèce ; il indique aussi, comme travail urgent, pour empêcher que le chenal d'écoulement du Rio Grande do Sul continue à dévier au S.-O. dans les quatre derniers milles et demi de son parcours et pour diminuer en même temps les quantités de sable qu'il charrie, de fixer les dunes du littoral au moyen de plantations appropriées et de diriger du côté de la mer les divers courants et cours d'eau qui charrient des sables vers la rive N.-E. au moment des pluies ; enfin, M. Jardim veut faire disparaître au moyen de dragages les bas-fonds qui existent dans la baie de Mangueira et empêcher efficacement que les sables provenant des dunes qui entourent San José do Norte, en envahissant, d'ailleurs, de plus en plus cette ville, et ceux provenant d'autres excavations, ne soient jetés dans le chenal, comme cela se pratiquait usuellement.

M. Jardim avait ainsi tracé à grands traits les causes principales et réelles contre lesquelles il y avait à lutter et que les projets actuels d'exécution ont, en partie, pour but de faire cesser.

L'ingénieur anglais Charles Neate, consulté en 1861 sur l'exécution des travaux d'amélioration de la barre par le vicomte de Inhaúma, alors ministre de la marine, considérait qu'il y avait là deux problèmes difficiles à résoudre :

1° Est-il possible d'améliorer la barre ?

2° Dans le cas affirmatif, quels sont les travaux nécessaires ?

M. Neate était d'avis, qu'à cette époque, il était absolument impossible de donner la solution du problème, attendu que toutes les données manquaient pour émettre un avis certain ; M. Neate ajoutait que, même lorsqu'on posséderait ces données, le problème serait encore difficile et embrouillé: M. Neate ne put donc que donner ses conseils au gouvernement brésilien sur les études à faire; il recommandait surtout d'observer journellement, au moins pendant un an, la hauteur des eaux sur des échelles fixes et la direction des courants des deux côtés de la barre.

Le ministre de la marine donna des ordres pour procéder à ces études; mais les ordres du ministre étaient peu encourageants pour les faire sérieusement, car il écrivait en même temps que sa conviction était que la barre de Rio Grande do Sul, qu'il connaissait très bien, ne pouvait être améliorée par des travaux hydrauliques.

Le capitaine de frégate brésilien José Nolasco Pereira da Cunha se rangeait aussi, après études faites, à l'avis de l'amiral vicomte de Inhaúma.

En conséquence, en 1862, le gouvernement brésilien confiait à un capitaine américain, Ed. Pierce, le soin de draguer la barre au moyen d'un appareil spécial dont il se disait l'inventeur; les essais faits ne donnèrent aucun résultat positif et furent abandonnés l'année suivante.

Vers cette époque, les préoccupations du gouvernement furent détournées des travaux publics, vu que toutes les forces vives de la nation étaient engagées dans la lutte que le pays eut à soutenir pendant tant d'années contre le Paraguay. Ce n'est qu'après la fin de la guerre, c'est-à-dire vers 1872, que l'étude de la question d'amélioration de la barre de Rio Grande do Sul fut sérieusement reprise, en même temps qu'on se préoccupait des conditions d'amélioration des autres principaux ports brésiliens. L'ingénieur anglais sir John Hakshaw fut chargé de la direction des études.

Dans le rapport présenté par ce dernier en juillet 1875 au gouvernement brésilien sur l'amélioration des ports du Brésil, il émet, entre autres, l'opinion suivante sur la barre de Rio Grande do Sul:

Les vents du nord-est font baisser les eaux dans l'intérieur du chenal, tandis que ceux du sud-ouest les font
monter; sur la barre elle-même, la différence de hauteur
résultant des vents n'atteint que vingt centimètres environ.
Le vent du sud-est souffle droit sur la barre, et, en conséquence, c'est par ce vent que la mer est la plus mauvaise;
le vent du sud-est paraît toutefois le moins fréquent; le
courant de flot coule avec une vitesse d'environ trois
milles à l'heure et attaque le banc droit; il y a vingt-cinq
ans environ, des maisons existaient encore là où le courant passait déjà il y a quinze ans.

Sur une vieille carte de 1814, on voit un fort construit
à l'est, du côté droit de l'entrée; il n'en reste, depuis
longtemps, plus aucune trace.

Sir John Hakshaw avait à se placer au point de vue général de l'exécution des travaux du port de Rio Grande do Sul,
mais il émettait l'avis que le principal travail à exécuter
était celui de l'amélioration de la barre, *si cela était
possible*, afin d'obtenir ainsi une plus grande profondeur
d'eau et plus de sécurité pour les navires; au point de vue
de l'art de l'ingénieur, ajoutait-il, les difficultés pour
utiliser le port de Rio Grande do Sul sont considérables
et exigent de la prudence dans le choix et l'étude des
solutions suggérées. Après avoir ensuite examiné avec le
plus grand soin la possibilité d'amélioration de la barre,
il considère que les difficultés pour l'améliorer présentent
le caractère le plus grave. Les eaux de terre et de mer, dit-
il, sont, en leur point de rencontre, en lutte avec d'énormes
masses de sables mouvants, sur lesquels la construction
de travaux durables serait très coûteuse.

Sir John Hakshaw considère, que l'unique moyen pour
essayer de dominer et d'approfondir l'eau, est la construction de brise-lames partant du littoral et se dirigeant au
large et disposés de chaque côté de la barre; ces brise-

lames devraient avoir au moins une longueur de 3,220 m.
chacun ; il croyait qu'il était difficile de calculer quelle
profondeur atteindraient pendant la construction les blocs
de béton posés sur des sables mouvants, et il était d'avis
que les blocs de béton de très grandes dimensions forme-
raient d'ailleurs l'unique moyen de construction possible
des jetées ; nous verrons plus tard que, tout en adoptant
la manière de voir de Sir John Hakshaw, on a cru préférable, du moins dans l'état actuel des prévisions d'exécution, d'adopter un autre mode de construction des
jetées.

Les sondages exécutés par Sir John Hakshaw montrent
que, jusqu'à une profondeur de 15 mètres, on ne rencontre que du sable fin ou de la vase ; il estime que le coût
des brise-lames indiqué par lui ne sera pas inférieur
à 50,000,000 de francs ; il ne donne pas l'assurance que
des travaux aussi considérables soient suffisants et, en
conséquence, il ne peut recommander leur exécution.

Il est important de noter que Sir John Hakshaw ne considérait pas en 1875 que l'exécution des brises-lames suffi-
rait pour maintenir la passe libre ; on nous a assuré que
son opinion avait varié à ce sujet dans les dernières
années de sa vie, après avoir étudié des travaux analogues
exécutés avec plein succès.

M. Antonio da Silva Prado, ancien ministre de l'Agriculture, du Commerce et des Travaux publics du Brésil,
a cependant fait justice dans la suite à Sir John Hakshaw,
en relatant dans son rapport aux Chambres, que la res-
ponsabilité des conclusions formulées par lui, ne pouvait lui incomber ; quand Sir John Hakshaw a été appelé
à donner ses conseils, on n'avait fait au préalable aucune
étude spéciale pour la solution de la question ; on ne
connaissait pas bien le régime du chenal du nord et
des eaux intérieures ; on n'avait fait aucune étude sur les

provenances et l'importance des apports, ainsi que sur les vents et les courants le long de la côte et près de la barre; on ne connaissait que ce qui intéressait la navigation; les observations météorologiques n'ont été commencées que deux années après les études des ingénieurs de Sir John Hakshaw; ce dernier n'avait passé qu'une semaine à Rio Grande do Sul, et deux ou trois de ses ingénieurs à peine quinze jours, quelque temps après lui, et ceci seulement pour faire des sondages. Dans ces conditions, la grandeur des difficultés que Sir John Hakshaw prévoyait, devait se traduire plutôt par la nécessité de faire des études que par l'impossibilité de trouver une solution du problème.

Le rapport, peu favorable de Sir John Hakshaw, n'était pas encourageant pour le gouvernement brésilien; on n'osa pas prendre une solution immédiate. En 1881, on chargea donc l'ingénieur brésilien José Ewbank da Camara d'examiner de nouveau la question; le passage de la barre était devenu à cette époque tellement difficile, comme cela résulte des données que nous avons citées ci-dessus, que le gouvernement brésilien déclarait qu'il attachait la plus haute importance à l'intervention d'une solution dans le plus bref délai; depuis 1880, la barre avait complètement changé de place; la passe qui, auparavant n'avait que la longueur d'un ou de deux navires, s'étendait alors sur 1,850 mètres de longueur environ; les navires passaient par un chenal tortueux et difficile, qui avait 3 mètres de profondeur maxima.

José Ewbank da Camara émit l'avis, que si l'amélioration de la barre ne devait pas être totalement condamnée, on ne devait cependant limiter cette amélioration qu'à l'exécution de certains travaux d'entretien, d'ailleurs aussi déjà précédemment conseillés par Sir John Hakshaw.

A la même époque (1881), le gouvernement brésilien fit aussi appel à l'expérience du célèbre ingénieur américain,

Milnor Roberts, qui venait, avec l'aide d'Eads, d'achever
l'amélioration d'une passe du Mississipi ; malheureusement il mourut pendant le cours de son voyage, avant
d'avoir pu arriver à Rio Grande do Sul, mais il avait pu
émettre verbalement un avis, s'étant déjà intéressé antérieurement à l'étude des travaux d'amélioration de la barre
de Rio Grande do Sul ; d'après lui, l'on devait employer
les mêmes moyens que ceux dont on s'était servi pour
l'amélioration de la barre du Mississipi, c'est-à-dire, que :

*Aucun travail ne devait être fait à l'intérieur, mais les
travaux et le chenal devaient être exécutés sur la barre
même ; au lieu de jetées en pierres ou en estacades, on
devait poser des matelas en bois échoués au moyen de
pierres, et placés les uns sur les autres.*

Cependant, en suite de la mort de Roberts, le gouvernement chargea en 1882, le capitaine de frégate Basilio
Barbedo, de faire une nouvelle étude et d'essayer d'améliorer la barre, au moins temporairement, au moyen de
torpilles ; on put en effet obtenir par ce moyen 88 centimètres d'approfondissement, mais, au bout de peu de
jours, la barre était de nouveau comblée à sa profondeur
primitive. M. Basilio Barbedo indiquait dans son rapport
que la barre était devenue de plus en plus impraticable par
les apports de sables de la rive droite, dont les dunes
avaient considérablement diminué ; les sables étaient
chassés sur les bancs et dans les chenaux d'accès à la barre ;
il croyait toutefois que, malgré l'insuccès des torpilles,
les dragages sur la barre pouvaient produire un résultat
avantageux, parce qu'en retirant les sables d'où ils s'étaient
accumulés, sans qu'ils puissent y retourner promptement,
il se formerait un chenal plus profond ; il observait d'ailleurs que par les forts vents du sud et du sud-ouest, les
bancs de sables formés par les transports de sables de l'intérieur du port, sont désagrégés et les sables alors trans-

portés vers l'Océan ; c'est dans ces occasions que la barre
s'améliore; il recommandait la construction d'une estacade
sur la rive droite pour empêcher les sables de s'accumuler
sur les bancs et dans les chenaux et pour donner une
direction plus favorable aux eaux de jusant, afin qu'en
rencontrant l'obstacle de l'estacade, elles en suivent les
contours; il considérait que le résultat qu'on obtiendrait,
serait certainement favorable.

Vers cette époque divers autres projets furent aussi soumis au gouvernement brésilien, et entre autres celui de
Henrique E. Hargrave, qui voulait améliorer la barre par
de l'air comprimé sous grande pression, comme le lui
avait suggéré l'ingénieur français Bergeron. M. Alfredo
Lisboa recommandait de construire des môles discontinus
en fer, formant des obstacles obliques aux courants, soit,
disait-il, une heureuse modification aux travaux analogues
exécutés à l'embouchure de l'Adour.

Carlos L. Fray conseillait de construire un port nouveau
au sud de la barre.

Guilhermo Ahrons proposa d'améliorer la barre en
rectifiant le chenal par la consolidation de ses rives et par
la construction de quais et en rétrécissant le lit jusqu'à la
sortie du chenal du Nord entre les deux caps; M. Ahrons
estimait les dépenses de son projet à 28,000,000 de francs
environ, mais, d'après un entretien que nous avons eu
avec lui en 1890, il considérait que son projet aurait eu
à subir des modifications importantes.

Plusieurs études ont également été faites pour la construction d'un canal latéral, analogue au canal de Saint-
Louis-du-Rhône, à l'embouchure du Rhône; les frais
de construction d'un tel canal ont été estimés bien
supérieurs à ceux de l'amélioration directe de la barre,
vu qu'on n'aurait d'ailleurs pas évité ainsi la construction de jetées en pleine mer et des dragages devant et

derrière ces jetées ; dans ces conditions la seule solution pratique aurait d'ailleurs été de construire un port intérieur aussi près que possible du rivage, comme le port de l'île de la Réunion ; les deux projets ont été examinés, mais ils auraient coûté plus cher que l'amélioration de la barre sans procurer plus de certitude de réussite pour l'ouverture de l'entrée des jetées.

Enfin mentionnons encore pour mémoire les propositions de MM. Manoel Christiano da Silveira et Julio Antonio Vasques.

Le succès de ces divers projets paraissant plus ou moins incertain, le gouvernement brésilien nomma en 1883 une commission spéciale d'ingénieurs, afin de lui soumettre un projet définitif de travaux d'amélioration de la barre ; la direction de cette commission fut confiée à M. Honoré Bicalho, ancien élève externe de l'École-des Ponts et Chaussées de Paris.

On peut dire que les études de cette commission, qui s'est inspirée des projets généraux de Sir John Hakshaw et des projets d'exécution de Milnor Roberts, études dont les conclusions ont été résumées dans un remarquable rapport de M. Bicalho, ont fait faire un pas presque décisif à la mise en œuvre des travaux considérables qui ont pour but de tenter l'ouverture permanente à la grande navigation de la barre de Rio Grande do Sul.

M. Honoré Bicalho a suivi de près Milnor Roberts dans la tombe ; Sir John Hakshaw est mort aussi ; aucun des trois n'aura vu se réaliser ce grand projet. En 1885, le gouvernement brésilien résolut, avant de mettre à exécution le projet élaboré par M. Honoré Bicalho et ses collaborateurs, parmi lesquels nous signalons spécialement MM. Saboia et Ernesto de Otero, de prendre encore l'avis définitif des ingénieurs hollandais P. Caland, inspecteur

général du Waterstaat du royaume de Hollande et
J. M. Welker, qui avaient exécuté un projet qu'on considérait comme analogue à l'embouchure de la Meuse ;
cependant les travaux d'amélioration de la barre de Rio
Grande do Sul ne peuvent en aucune façon se comparer à
ceux de la Meuse, comme ils ne trouveraient pas leur analogue, d'après notre opinion du moins, dans d'autres
travaux exécutés jusqu'à ce jour.

M. Caland, comme chef de mission, fut chargé non
seulement d'examiner les projets de la commission, mais
encore de donner son avis sur des projets concurrents éma-
nant de l'initiative privée, présentés en dernier lieu par
MM. Vasquez, Sichel et Plazolles, Carvalho Bastos et
Ahrons ; il fut également invité à donner son propre
avis dans le cas où le projet de la commission ou l'un
des autres projets présentés ne répondrait pas au désidératum qu'il pourrait formuler d'après son expérience des
travaux à la mer.

Nous reviendrons ci-après en détail sur le projet de
M. Caland, qui s'écarte peu de celui de M. Honoré Bicalho ;
notons seulement ici que M. Caland concluait que tous
les autres projets devaient avoir pour conséquence
inévitable la formation d'une nouvelle barre en aval de
l'ancienne.

C'est le projet de M. Bicalho, modifié par M. Caland,
puis modifié à nouveau par M. Ernesto de Otero, avec
l'assentiment de M. Caland, qui a servi de base au
premier contrat d'entreprise que le gouvernement a signé
en 1890 avec une société formée pour l'exécution de ces
travaux ; ce contrat, publié au *Journal Officiel* du Brésil
se trouve comme annexe à la suite de la présente
note.

Cette société fit ensuite faire des études complémentaires par l'ingénieur anglais Sawyer, M. X. Hoffer, ancien

officier de la marine française et par l'ingénieur hollandais
Waldorp, puis demanda au gouvernement de nouvelles
modifications, sur l'opportunité desquelles les opinions
sont à nouveau partagées et dont l'exécution paraît encore
problématique; toutefois le projet d'ensemble n'est pas
à modifier et le projet actuel d'amélioration de la barre
de Rio Grande do Sul comprend deux jetées convergentes,
prolongées jusque dans les fonds de grande profondeur, et
des dragages subséquents dont l'importance ne peut
être que très approximativement évaluée *a priori*.

DESCRIPTION DES PROJETS D'EXÉCUTION DES TRAVAUX

Direction des jetées. — On sait que, lorsque des lames
entrent dans une baie par un goulet étroit, elles sont
moins hautes à l'intérieur de la baie qu'au dehors, tout en
augmentant de longueur, et créent un calme relatif dans
la baie; si donc l'on construit en mer deux jetées prenant
leur point d'appui au rivage, et comprenant entre elles une
grande surface d'eau, et si l'on rapproche les deux extrémités du large des jetées, de façon à ne laisser entre leurs
musoirs qu'une largeur assez faible, on assure un calme
relatif dans l'endroit ainsi abrité; c'est sur ce principe
qu'est basée la disposition de certains ports créés au moyen
de jetées dites convergentes. Il résulte d'autre part d'une
enquête nautique faite par le gouvernement français, sur
la demande de M. Eyriaud des Vergnes, inspecteur général
des ponts et chaussées, et de l'avis émis à l'unanimité
par les membres de cette Commission d'enquête, que les
jetées convergentes à leur extrémité offrent de grands
avantages, là où elles limitent un chenal débouchant dans
un courant traversin; les ingénieurs admettaient, en

général, autrefois que les jetées devaient avoir, dans ce cas, des musoirs divergents ; la pratique semble avoir démontré le contraire à Dunkerque, et elle est d'ailleurs confirmée par le fait que tous les abordages graves survenus à l'entrée de ce port, ont eu lieu sur le coude de la jetée ouest déviée.

M. Honoré Bicalho émettait l'avis que les jetées devaient partir de l'extrémité des caps, en convergeant aussi vers les musoirs et en donnant au chenal la forme d'un entonnoir ; cette disposition est économique pour la construction, et elle a été adoptée notamment à l'embouchure des jetées du Danube ; cette forme convient également pour faciliter l'accès des flots de marée et augmenter la réserve de ces eaux qui contribuent à l'action érosive du jusant du chenal. Il proposait de donner à la jetée la plus exposée aux tempêtes, celle de l'est, une direction perpendiculaire à la côte et rectiligne de façon à couper au milieu le banc existant alors du sud-ouest et atteindre le plus tôt possible les fonds de 6 mètres au-dessous des plus basses eaux observées ; quant à la jetée de l'ouest, il la dirigeait d'abord perpendiculairement à la côte jusque par les fonds de 4 mètres, puis il la déviait sous un angle obtus d'environ 140 degrés, en lui faisant traverser en son milieu le banc du sud jusqu'à ce qu'elle atteigne au large également des fonds de 6 mètres ; l'entrée avait ainsi lieu par la passe du sud-ouest ; M. Bicalho laissait au large le banc du sud-ouest ; il semble que la lame aurait ainsi contribué à ensabler bientôt de nouveau l'avant de la passe, sous l'influence des courants de haute mer, dont il ne tenait pas suffisamment compte, à moins que ces courants n'aient réellement l'action que leur assigne M. Caland.

M. Caland, sans critiquer cette disposition, mentionne dans son rapport les raisons qui lui ont fait au contraire choisir la passe du sud-est ; cette dernière lui paraissait indiquée par la nature des choses pour la direction à donner au chenal à améliorer et à conserver au moyen d'ouvrages d'art, parce que la direction de cette passe se raccorde à celle du courant principal qui sort du chenal du nord, et parce que parmi toutes les passes existantes, c'est l'extrémité de celle-ci qui s'avance le plus loin sur la mer ; c'est donc, ajoute M. Caland, dans cette direction que, sans amoindrir le courant du chenal, les courants, qui longent la côte, pourront avoir le plus d'action sur le maintien de la profondeur au devant de la passe ; en outre cette direction est la même que celle d'où viennent les plus violents chocs de la mer, de sorte que ceux-ci arriveront sur les travaux dans le sens de leur longueur et non pas dans un sens transversal, ce qui constituerait un véritable avantage ; enfin la direction projetée aurait pour conséquence de soustraire le nouveau chenal à l'influence des vents régnants, ce qui exercera un effet salutaire sur le libre exercice des courants et facilitera la navigation.

M. Caland propose comme M. Bicalho, de mener les jetées par les fonds de 6 mètres au-dessous du niveau des marées basses ordinaires, l'expérience étant là pour faire voir, dit-il, qu'on ouvre dans le chenal, entre les jetées, un tirant d'eau plus grand que la profondeur atteinte par les musoirs des jetées ; M. Caland prévoit comme M. Honoré Bicalho, des jetées convergentes ; la jetée de l'est est menée en ligne droite jusque par des fonds de 6 mètres, tandis que la jetée de l'ouest est au contraire formée par une ligne brisée, pour éviter de trop grandes profondeurs.

Dans un projet ultérieur du gouvernement, dressé par M. Ernesto de Otero, et qui aurait eu l'approbation de M. Caland, on a quelque peu modifié l'orientation, en suite des derniers changements subis par les bancs, tout

en conservant les dispositions générales indiquées par
M. Caland.

D'après une note présentée au gouvernement brésilien
par l'ingénieur anglais Sawyer, note qui aurait eu l'approbation de M. Waldorp, ces dispositions sont de nouveau critiquées, mais ces critiques ne sauraient être toutes admises sans réserves, tandis que d'autres sont la ré-
pétition de faits déjà énoncés sous une forme différente
et connus ; M. Sawyer prétend que le projet du gouvernement se présente dans des conditions d'études particulièrement incomplètes ; au point de vue du résultat général, la conception du projet laisserait à désirer parce que
ce projet, au lieu de s'appuyer sur les indications naturelles données par les profondeurs et les courants, semble
au contraire aller sur divers points à l'encontre de ces
indications et les digues projetées vont contrarier ces courants normaux qui sont les meilleurs agents d'entretien
des profondeurs nécessaires à la navigation ; M. Sawyer
ajoute que, pour assurer le succès des jetées et des dragages et éviter des charges d'entretien annuel considérables, il est absolument nécessaire que les eaux du chenal
du nord soient établies dans un chenal permanent ; ce qui
nécessite une modification dans la position de l'embouchure formée par les jetées, c'est l'importance qu'il y a à ce
qu'elle soit placée sur l'axe du courant normal des eaux
partant de l'embouchure du chenal du nord. Si cette embouchure du chenal n'est pas fixe et si la direction des
eaux y est variable, il devient impossible de garder l'embouchure formée par les jetées sur l'axe de leurs courants ;
M. Sawyer en tire des conclusions sur la nécessité du
revêtement de la rive occidentale du chenal du nord, qui,
quoique vraies en principe, ne semblent pas être des
conséquences des faits énoncés.

En ce qui concerne la direction des jetées, M. Sawyer

critique les dispositions adoptées; M. Caland a sans doute, dit-il, été amené par la situation actuelle de la passe sud-est au moment de sa visite, à choisir la direction qui promettait les dispositions de construction les plus économiques. Une passe étant en existence en cet endroit, qui n'était pas très éloigné de l'axe normal des courants, il l'a choisie pour réduire le plus possible les travaux de dragage ; mais en faisant cela, il n'a pas tenu assez compte de la nature inconstante de la barre. La passe sud-est choisie par lui comme indiquée par la nature, n'existe plus au milieu de 1891 et à sa place il y a un banc de sable avec un tirant d'eau de moins d'un mètre et qui est découvert à marée basse ; M. Sawyer rappelle ensuite que le rapport de M. Honoré Bicalho, publié en 1884, démontre que la position des passes change continuellement ; mais il est important de noter qu'en 1842, 1866, 1875 et 1881 la passe principale était à peu près à la même place relativement à l'axe du chenal du nord ; la grande valeur du rapport de M. Honoré Bicalho est d'avoir recueilli et présenté l'état de la barre dans une longue série d'années ; il faut penser que la position moyenne est celle indiquée par la nature et que les changements de grande importance ont été la conséquence de circonstances et d'influences exceptionnelles. Ceci est encore plus évident quand on considère la direction que le courant des eaux du chenal prendrait en passant au delà de l'embouchure, si tous les éléments étrangers, comme les vents, tempêtes et courants étaient écartés. Le courant continuerait alors sur l'axe par lequel il sort du chenal du nord, et l'embouchure formée par les jetées devrait certainement se trouver sur cet axe ; ce raisonnement serait vrai, s'il n'y avait pas eu de modifications dans cet axe même, modifications que M. Sawyer semble d'ailleurs admettre puisqu'il parle dans la suite de l'*état actuel* du chenal du nord. M. Sawyer ajoute qu'en

raison de ces diverses considérations qui sont d'ordre général et normal, et que viennent d'ailleurs confirmer
les différentes études faites sur place, il apparaît que la
conception des travaux projetés devrait être assez sensiblement modifiée, si l'on veut vraiment assurer la perma-
nence de profondeur suffisante à la passe. Voilà pourquoi
il est désirable, vu l'*état actuel* du chenal du nord et la position normale de l'axe du courant des eaux qui en sortent,
de rapprocher la jetée de l'est et de continuer la jetée de
l'ouest sans aucun coude. M. Sawyer termine ces considérations en disant que la position proposée pour les jetées
se rapproche de celle fixée par Sir John Hakshaw dans
son rapport de 1875, et encore plus de celle indiquée par
M. Honoré Bicalho.

Cependant, M. Sawyer ne donnait encore, en août 1891,
qu'une indication générale sur la direction qu'il convien-
drait, à son avis et suivant l'appréciation de M. Waldorp,
de donner aux jetées; il ne nous semble d'ailleurs pas plus
à même que les ingénieurs qui l'avaient précédé dans cette
étude à donner un avis définitif, la critique du dernier
arrivant permettant d'ailleurs toujours d'être la plus
complète.

La question de l'orientation du chenal, par rapport à la
commodité et à la sécurité de la navigation, paraît être
pour la barre de Rio grande do Sul, d'ordre secondaire,
car une fois améliorée, il est probable que le trafic de la
navigation à vapeur sera encore plus considérable qu'il
ne l'est actuellement, comparé au trafic de la navigation
à voile; pour les commodités de la navigation à voile, le
chenal doit être orienté aussi perpendiculairement que
possible à la direction du vent le plus fréquent, qui est
celui du nord-est; mais pour le vent de tempête, c'est-à-
dire le pampero, il serait peut-être encore préférable
d'orienter le chenal le plus perpendiculairement possible

à la direction dont il souffle ; le service des remorqueurs qui fonctionne déjà, facilitera d'ailleurs l'entrée et la sortie des voiliers ; c'est donc là l'un des moindres facteurs à prendre en considération.

L'axe du chenal doit autant que possible couper normalement les courbes de la plage, et créer, par suite, la route la plus courte et la plus économique vers les grandes profondeurs, en même temps que cette orientation correspondrait le mieux aux conditions techniques exprimées ci-dessus. M. Caland semble avoir, dans son projet, le mieux répondu à cette exigence, vu l'état dans lequel se trouvaient les bancs, lorsqu'il a dressé son projet.

Longueur des jetées. — M. Honoré Bicalho avait raison d'affirmer, que la longueur des jetées ne pouvait être déterminée qu'en cours d'exécution ; d'après son avis, si on les exécutait jusque par des profondeurs de 6 mètres, le courant creuserait le chenal jusqu'à 8^{m}50 au moins ; il s'en référait à ce qu'au Danube l'action érosive du courant entre les jetées, avait approfondi le chenal d'au moins 33 % au-dessous du niveau auquel étaient fondées les jetées ; les fondations de ces dernières étaient à 5 mètres, et le courant a creusé le chenal à 6^{m}75 ; la vitesse du courant dans le chenal du Nord est d'ailleurs bien supérieure à celle de la branche de Sulina au Danube ; cependant M. Bicalho assignait au môle de l'Est une longueur probable de 4,157 mètres et au môle de l'Ouest une longueur probable de 2,160 mètres, soit au total 6,310 mètres.

M. Caland indique pour la jetée de l'Ouest une longueur de 4,960 mètres avec un coude à environ 2,200 mètres de l'enracinement, et pour la jetée de l'est une longueur de 3,350 mètres, soit au total 8,310 mètres, et 2,000 mètres de plus que M. Bicalho. M. Caland remarque que ces longueurs sont considérables, et qu'il croit qu'elles n'ont été

atteintes nulle part dans des travaux de cette nature;
cependant il n'y voit pas de difficultés insurmontables,
pourvu que l'exécution soit dirigée avec l'habileté et les
soins que de pareils travaux exigent impérieusement.
Dans les dispositions que le gouvernement avait ensuite,
nous a-t-on dit, adoptées sur les propositions de M. Ernesto
de Otero et avec l'approbation de M. Caland, les longueurs
des jetées sont réduites :

1° Pour la jetée de l'ouest, de 4,960 mètres à 3,600 mètres
avec un coude à 2,200 mètres, soit une différence en
moins de 1,360 mètres ;

2° Pour la jetée de l'est, de 3,350 mètres à 2,800 mètres,
soit une différence en moins de 550 mètres.

La longueur totale des jetées était ainsi réduite à
6,400 mètres au lieu de 6,310 mètres prévus par M. Honoré
Bicalho, et de 8,310 mètres prévus d'abord par M. Caland.

La jetée de l'est devait être en alignement droit entre
les enracinements et le musoir; la jetée de l'ouest par
contre devait être brisée et se composer de deux aligne-
ments droits, dont l'un entre les piquets 0 et 2,200 et l'autre
entre les piquets 2,200 et 3,600. M. Sawyer est d'avis, vu
l'état du chenal du nord, de continuer la jetée de l'ouest
sans aucun coude; la longueur de la jetée de l'est serait à
peu près celle adoptée ci-dessus, mais celle de la jetée de
l'ouest serait sensiblement réduite; M. Sawyer semble
avoir raison en disant que la longueur des jetées ne pourra
être fixée qu'en cours d'exécution, parce qu'au fur et à
mesure où les jetées avanceront, elles protègeront le chenal contre les influences étrangères et, avec l'aide du dragage, le chenal changera sa position et sera dirigé de plus
en plus sur l'axe normal du courant; c'est alors, dit
encore M. Sawyer, qu'il sera possible de décider où la jetée
de l'ouest devra être arrêtée; il se peut qu'une longueur
de 2 kilomètres soit suffisante et, en tous cas, la jetée de

l'ouest ne devra pas dépasser le musoir de celle de l'est; on devra décider si la longueur de cette jetée pourra être inférieure à 3,000 mètres, quand elle aura été poussée jusqu'aux grands fonds actuellement prévus à traverser.

Distance entre les musoirs. — M. Bicalho prévoyait, pour la largeur du chenal entre les musoirs, la largeur minima du chenal du nord, c'est-à-dire environ 1 kilomètre, cette largeur étant comprise entre les ouvrages accessoires à construire pour la défense des jetées.

M. Caland a proposé 800 mètres pour la distance entre les musoirs, soit 200 mètres de moins que la largeur du chenal du nord dans sa partie la plus étroite; il en donne la raison suivante : l'expérience a prouvé, dit-il, que sur les côtes sablonneuses où l'on a à combattre des dépôts ou atterrissements venant aussi bien de l'intérieur que de l'extérieur, c'est-à-dire charriés par les eaux fluviales et par les courants de la mer, les atterrissements se font d'abord sentir aux musoirs des jetées; en même temps, c'est entre les musoirs que le dragage est le plus difficile, à cause de l'état de la mer, et ceci d'autant plus, d'après le projet d'orientation des jetées de M. Caland, que l'entrée du chenal se trouve en plein soumise à l'action des lames des plus violentes tempêtes; il faut donc renforcer le courant le plus possible entre les musoirs, et ce but ne peut être atteint qu'en rétrécissant le chenal entre les musoirs.

MM. Sawyer et Waldorp semblent envisager une passe plus étroite encore, parce qu'ils concluent que l'approfondissement du chenal se peut prévoir singulièrement facilité par le rapprochement des digues, ce qui correspondrait vraisemblablement ainsi à une réduction très sensible du cube des dragages à faire.

Pour parer aux éventualités d'échouage, il est bon de

donner au chenal une largeur égale à trois fois celle des plus grands navires appelés à entrer dans le port. Or, l'on doit admettre que, dans l'avenir, les grands paquebots qui fréquentent les ports de Rio Janciro, Montévidéo et Buenos-Ayres, toucheront également à Rio Grande do Sul; le tirant d'eau et la longueur de ces navires sont limités par la rade de Montévideo et par les conditions dans lesquelles le port Madero a été établi à Buenos-Ayres; il n'est pas à prévoir, et ceci même encore pour un avenir très éloigné, que les paquebots fréquentant ces parages, atteindront des longueurs de beaucoup supérieures à 140 mètres; la largeur du chenal pourrait donc être limitée à 420 mètres. Cette largeur serait même amplement suffisante pour que Rio Grande do Sul puisse être fréquenté par les navires frigorifiques allant de la Nouvelle-Zélande, viâ Rio Janeiro, à Londres; les abattoirs frigorifiques projetés à Pelotas et à Porto Alegre font prévoir cette éventualité.

Hauteur des jetées. — Les digues submersibles ont, d'après M. Laroche, l'avantage de conserver au lit du fleuve à peu près toute sa puissance d'emmagasinement pour les eaux de mer haute, et de former un lit mineur où se concentre régulièrement le courant du jusant au fur et à mesure que la marée baisse ; mais elles déterminent dans le chenal des ralentissements de vitesse et des courants transversaux, qui ont pour conséquence la formation de barres et de hauts fonds ; ce seront là des considérations à envisager en cours d'exécution des jetées projetées à Rio Grande do Sul, et qui semblent nécessiter l'avancement progressif total du profil transversal; on ne pourrait donc dire à Rio Grande do Sul, *a priori,* d'après M. Laroche, s'il y a lieu d'exécuter les jetées comme ouvrages submersibles ou insubmersibles; c'est là un autre motif pour lequel, en cours d'exécution, des modifications importantes aux projets primitifs peuvent devenir nécessaires.

Ou a vu qu'il a été particulièrement difficile de fixer la hauteur à donner aux jetées au-dessus des basses-eaux, vu les différents côtés par lesquels on a dû envisager la question; on semble cependant devoir exécuter d'abord des jetées fort basses; on pare à l'inconvénient du déferlement des lames au-dessus des jetées pendant les tempêtes, qui ont pour conséquence l'accumulation des alluvions derrière les jetées, en laissant entre le chenal et les jetées un espace d'au moins 100 mètres de largeur qui, peut se combler par les alluvions avant que le chenal ne soit ensablé. Nous verrons ci-après que, d'après les prévisions de M. Bicalho, les jetées ne devaient pas avoir plus de 0^{m}60 de hauteur au-dessus des plus basses eaux. M. Caland donnait la même hauteur aux jetées, mais au-dessus des basses eaux moyennes, tout en relevant cette hauteur à 0^{m}80 au milieu des jetées. M. Sawyer conserve cette dernière hauteur aux extrémités, mais il la relève graduellement à 2 mètres aux enracinements.

L'éxécution de jetées basses permettra de les surélever dans la suite, difficilement il est vrai, mais il est probable qu'on obtiendra des résultats suffisants sans le faire.

Travaux complémentaires. — Comme travaux complémentaires, M. Honoré Bicalho prévoyait, sur les bords du chenal et en direction normale à son axe, la construction d'épis à partir des jetées jusqu'au chenal; ces épis devaient être construits en pierres et fascines, afin d'éloigner le courant de la base des jetées et augmenter l'action érosive des eaux du chenal si cela était nécessaire.

MM. Sawyer et Waldorp semblent considérer comme inutile, d'après leur projet, de protéger les talus du chenal entre les jetées et de faire un remblai disposé dans l'angle de la jetée de l'Ouest, et qu'on devrait exécuter avec les produits des dragages comme M. Caland le prévoyait.

Enfin, nous avons vu que M. Caland préconisait la fixation des sables mouvants et des dunes sur les côtes et sur les rives du chenal du nord.

M. Caland, dans son rapport, précise bien clairement et nettement que la profondeur de 8 mètres prévue par lui dans le chenal ne serait atteinte, que si l'on fait disparaître les causes, qui venant de l'intérieur, agissent depuis long-temps d'une façon très nuisible sur la profondeur et l'éten-due générale de la barre, c'est-à-dire l'affouillement des rives du chenal du nord, aussi bien sur la rive orientale des deux côtés du village de San José do Norte que sur la rive occidentale à partir de la pointe de Mangueiras jusqu'à l'em-bouchure du chenal du nord; à moins de faire disparaître ces affouillements, qui produisent des atterrissements à la barre, on n'entretiendra pas sur celle-ci la profondeur voulue; M. Caland conseille donc de protéger le talus infé-rieur des rives au moyen de fascinages ou avec des plates-formes; la partie supérieure serait protégée provisoirement au moyen de paille et de fascines, et au moyen d'une ligne de pieux, dès que les matelas seraient posés dans les parties inférieures.

La deuxième cause de l'atterrissement, qui se trouve dans les sables mouvants, ne peut-être arrêtée que par des plantations; la direction du rivage, des deux côtés de la passe, va du nord-est au sud-ouest, c'est-à-dire dans la direction où soufflent les vents régnants; les sables des dunes, qui se trouvent des deux côtés du chenal du nord, sont donc chassés dans le chenal; il faut remédier à cet état de choses. Nous verrons en parlant des travaux provisoires exécutés, qu'on a déjà suivi ces conseils, mais avec trop de lenteur et en conséquence sans obtenir de résultats appa-rents.

Nous avons vu à Rio Grande do Sul en maints endroits qu'il suffisait souvent d'entourer les dunes de clôtures, de façon à y empêcher la circulation des chevaux et du bétail, pour qu'elles se couvrent, après une seule saison de pluies, d'une abondante végétation d'herbages; on a souvent pu remarquer la facilité avec laquelle la végétation fixait les terrains sablonneux, en clôturant certaines propriétés le long du chemin de fer pour les en séparer; les plantes contribuent à fixer le sable de la surface des dunes en le retenant mécaniquement dans les mailles de leurs racines superficielles ou traçantes; ce sable, surtout lorsqu'on peut le mélanger avec un peu de terre, est exceptionnellement fertile; c'est ainsi que sur l'Ilha dos Marinheros dans la Lagoa des Patos, entre les villes de Rio Grande do Sul et de Pelotas, on voit les terrains sablonneux mis en culture, produire des légumes et des fruits de toute beauté et la vigne donner du vin excellent; par contre les essais de plantations de certains arbustes, que les ingénieurs attachés aux études de la barre ont fait depuis de longues années, ne semblent jusqu'à présent pas encore avoir donné de résultat appréciable; nous croyons qu'on n'a pas creusé assez de puits à côté des plantations en pins maritimes, qui ont besoin, pour croître, d'être abondamment arrosés; enfin on semble aussi avoir omis de protéger d'abord la surface du sol contre un dessèchement trop rapide au moyen de branchages ou de fascinages, pour que les jeunes semis aient le temps de former des racines pivotantes assez profondes.

La barre de Rio Grande do Sul étant surtout formée, indirectement du moins, au moyen du charriement des sables de la côte, comme cela a été reconnu par tout le monde, et ce dont nous nous sommes aussi rendu compte sur place, il semblerait qu'il y aurait pu y être porté depuis longtemps remède, en partie du moins, en laissant pousser l'herbe sur les dunes et en fixant ainsi le rivage ; il est très probable d'ailleurs, qu'au siècle dernier et même encore au commencement de ce siècle, où la barre était meilleure qu'elle ne l'est maintenant, et où même elle ne formait pas d'obstacle à la navigation d'alors, les dunes étaient couvertes de graminées ; avec l'augmentation de la population, on aura fait paître le bétail sur les prairies qui recouvraient les dunes, et on aura ainsi rendu meubles des terres qui avaient commencé à se fixer.

MM. Sawyer et Waldorp attachent autant d'importance que les autres ingénieurs européens et brésiliens, qui ont étudié l'amélioration de la barre de Rio Grande do Sul, à l'écartement des causes intérieures, mais dans leur projet ils semblent trop négliger les causes extérieures. M. Sawyer dit, qu'il est évident que le revêtement de la rive occidentale du chenal du nord est indispensable comme faisant partie intégrante du système des travaux de la barre et qu'il doit se faire au fur et à mesure de la construction des jetées. C'est seulement de cette manière qu'on peut assurer, ajoute-t-il, les résultats attendus d'une entreprise si considérable et enlever tous les doutes qui pourraient se suggérer à l'égard d'un succès définitif ; M. Sawyer semble ensuite reconnaître comme indispensable l'élargissement du chenal du nord ; le résultat saillant indiscutable de cette protection et de cet élargissement, écrit-il, serait le maintien d'une profondeur normale de la barre, une réduction notable des dragages prévus à exécuter entre les jetées et une diminution sensible des dépenses d'entretien. M. Sawyer n'indique d'ailleurs dans sa note d'août 1891 aucune raison probante pour l'élargissement du chenal du nord, mais il mentionne seulement incidemment que le revêtement et l'élargissement du chenal du nord doivent, comme le rapprochement des digues, singulièrement faciliter l'approfondissement du chenal ; les travaux indiqués par M. Sawyer en 1891 comportent l'exécution immédiate et simultanée des travaux de revêtement de la berge ouest et de rescindement de la berge est du chenal du nord.

M. Sawyer estime que le travail principal est de protéger, au moyen de matelas de fascines la côte ouest du chenal du nord, sur une longueur d'à peu près 8 kilomètres et jusqu'à une profondeur d'environ 9 mètres et sur une largeur moyenne de 80 mètres ; la superficie ainsi protégée serait de 640.000 mètres carrés et les matelas auraient 0^m60 d'épaisseur ; ils seraient disposés en simple couche et seraient immergés au moyen de 700 kilos de pierres par mètre cube de matelas, soit de 420 kilos par mètre carré. D'après M. Sawyer, les travaux de rescindement de la berge est du chenal du nord, près de l'embouchure, ne se monteront pas à un chiffre de grande importance.

Exécution des jetées. — M. Honoré Bicalho, au moment de la rédaction de son rapport de 1883, n'avait pas encore visité les travaux analogues exécutés en Europe et en Amérique, mais il avait seulement conclu par analogie avec ces derniers ; il considérait que les conditions de résistance du fond étaient les mêmes qu'à la Meuse ; il adoptait donc le profil et le mode d'exécution qui y avaient été employés, mais il n'excluait pas la nécessité éventuelle de protéger les jetées de Rio Grande do Sul par de forts blocs en béton comme au Mississipi, si l'état de la mer rendait cette mesure nécessaire. Il lui paraissait suffisant d'élever la hauteur des jetées jusqu'au niveau des eaux moyennes ordinaires, ou environ jusqu'à 0^m60 au-dessus des plus basses eaux. La jetée de l'est devait avoir 8 mètres de largeur dans sa partie centrale, limitée par deux rangées de pieux distants de 4 mètres les uns des autres. La jetée

de l'ouest qui était, d'après le projet de M. Honoré Bicalho,
la plus exposée à l'action des fortes tempêtes, devait avoir
10 mètres de largeur dans sa partie centrale, avec trois
rangées de pieux, distants également de 4 mètres les uns
des autres ; ces pieux devaient être reliés transversalement entre eux et supporter une voie pour le service de
construction et d'entretien des travaux terminés ; aux
musoirs, la largeur de la partie centrale de la jetée de l'est
devait être augmentée de 20 mètres et celle de la jetée de
l'ouest de 25 mètres.

M. Caland est, comme M. Bicalho, d'avis qu'à la barre
de Rio Grande do Sul, le sable est trop tenu pour pouvoir
employer de gros matériaux de pierres sans les faire reposer au moins à la base sur un ou plusieurs lits de plates-
formes de fascines, permettant de répartir la charge uniformément sur une grande surface ; M. Caland croit aussi
qu'on peut construire avantageusement les jetées tout
entières au moyen de fascinages et de pierres, en employant des blocs de moindre dimension que dans les
jetées en pierre exposées à la mer, à condition que les blocs
soient fixés au moyen de pieux en nombre suffisant
pour briser le choc des vagues et retenir les blocs en
place.

D'après les échantillons de sables de Rio Grande do Sul
que M. Welker et nous-mêmes, nous avons pris sur les
lieux, et comparé à ceux de l'embouchure de la Meuse, ces
derniers sont beaucoup plus gros ; l'emploi de grands matelas de fascines sur toute la base des jetées projetées à
Rio Grande do Sul serait donc absolument nécessaire.

M. Caland propose de donner à la crête une largeur de
8 mètres pour la jetée de l'est et de 10 mètres pour la
jetée de l'ouest ; dans son projet ultérieur le gouvernement avait modifié ces dimensions comme suit :

Jetée de l'est : Largeur du couronnement 6^m50 entre 0^k » et 1^k440
—   — 8^m » 1^k440 2^k700
—   — 10^m » 2^k700 2^k800
— ouest   — 6^m50 0^k » 1^k300
—   — 8^m » 1^k300 3^k040
—   — 10^m » 3^k040 3^k600

La hauteur proposée au-dessus des basses eaux moyennes est de 0^m60 aux bords et de 0^m80 au milieu des jetées.

Pour la jetée de l'ouest, M. Caland indiquait que les talus devaient avoir du côté de la passe 1 de base pour 1 de hauteur jusqu'à un point situé à 1,200 mètres de distance de l'extrémité ; de là jusqu'au bout et du côté de la mer 1 1/2 de base sur 1 de hauteur, tandis que le gouvernement fixait du côté de la passe invariablement 1 1/2 de base pour 1 de hauteur, et du côté de l'Océan entre 0^k et 1^k529, 1 de base pour 1 de hauteur.

Pour la jetée de l'est les talus doivent avoir, d'après M. Caland, du côté de la passe 1 de base pour 1 de hauteur jusqu'à un point situé à 500 mètres de distance de l'extrémité ; de là jusqu'au bout et du côté de la mer 1 1/2 de base sur 1 de hauteur ; dans le nouveau projet du gouvernement on avait donné au talus du côté du chenal du nord 1 de hauteur pour 1 de base entre les piquets 0^k et 1^k440 et partout ailleurs 1 1/2 de hauteur pour 1 de base. Les musoirs devaient avoir, d'après M. Caland, un talus de 10 de base sur 1 de hauteur, et le gouvernement avait conservé ces dimensions.

M. Sawyer critique en certains points ces dispositions ; il prétend que le mode de construction des jetées proposé par lui, et dont nous parlerons ci-après, rend inutile de maintenir les prévisions d'une largeur de 10 mètres pour la crête de la jetée à son extrémité, et il pense que la largeur de

8 mètres pourrait être suffisante jusqu'au musoir terminus; la crête de la jetée, à son origine, est portée à 2 mètres au-dessus du zéro; cette crête va en s'abaissant progressivement, de façon à atteindre seulement, à environ 2 kilomètres, la hauteur précédemment prévue de 0^{m}80 au-dessus des eaux, hauteur à laquelle elle se maintient jusqu'à son extrémité; cette disposition aurait pour objet de donner à la crête des jetées, dans le sens de leur longueur, une certainē inclinaison vers la mer, disposition que M. Sawyer prétend être usuellement adoptée en vue d'éviter que les lames ne traversent les jetées et ne produisent des affouillements à l'origine des jetées; M. Sawyer ajoute, qu'avec une hauteur de 0^{m}80 à l'enracinement sur la côte, cette origine serait vite noyée par les apports de sable, qui, comme toujours, vont venir s'accumuler dans l'angle que formera la jetée avec le rivage.

D'après M. Caland, les jetées devaient avoir des bermes formées par la première couche de fascinage; ces bermes devaient avoir, pour les 1,280 mètres extérieurs de la jetée de l'ouest, et pour les 500 mètres extérieurs de la jetée de l'est, une largeur de 20 mètres de chaque côté, en dehors du corps des jetées; pour le reste des jetées, les bermes devaient avoir, dans les jetées de l'ouest, une largeur de 5 mètres à l'enracinement, et pour les profondeurs inférieures à 1 mètre, et de 10 mètres pour les autres parties; pour la jetée de l'est et à partir de 500 mètres du bout, les bermes auraient une largeur de 10 mètres du côté de la mer et de 5 mètres du côté de la passe.

D'après les projets dressés ultérieurement par M. Ernesto de Otero, les saillies de la plus basse couche de plates-formes de fascines, appelées couches de revêtement, au-dessus du pied du talus, devaient être pour la jetée de l'ouest de 8 mètres de chaque côté de la jetée entre les piquets 0^k et 1^k300, de 10 mètres entre 1^k300 et 1^k520, et de là, en avant, toujours 20 mètres; les couches supérieures devaient avoir trois saillies différentes, de 10 mètres, 8 mètres et 5 mètres, au delà du pied du talus, selon les profondeurs atteintes et les profils types adoptés en conséquence; on a prévu, d'ailleurs, que les plates-formes de fascines ne seraient posées que jusqu'à la cote—2, et même entre les piquets 2,000 et 2,400 seulement jusqu'à la cote—3. Au môle de l'est, M. de Otero avait prévu que là, où il n'y aurait pas 3 mètres de profondeur, on ne mettrait qu'une couche de plates-formes de fascines, dont l'épaisseur pourrait alors atteindre 1 mètre; là, où il y a plus de 3 mètres de profondeur, les plates-formes devaient seulement atteindre la cote—2; au-dessus de cette cote, on ne devait poser que des blocs d'enrochement pesant jusqu'à 1,500 kilos, dans les endroits peu exposés, et jusqu'à 2,500 kilos dans les endroits exposés du côté de la passe; entre les piquets 0^k et 1^k440, la première couche de matelas devait seulement dépasser, en général de 8 mètres, le pied du talus, et exceptionnellement seulement de 20 mètres; de 1^k440 à 2^k880, les couches de matelas devaient toujours dépasser de 20 mètres les pieds des talus, c'est-à-dire du côté de la passe comme du côté de l'Océan, mais cette largeur était réduite à 10 mètres du côté de l'Océan entre les piquets 0^k et 1^k440.

M. Caland prévoyait que les plates-formes d'une épaisseur de 0^m50 à 0^m60, devaient être chargées de 12,5 tonnes de pierres par 10 mètres cubes de fascines; pour les 1,200 mètres extérieurs de la jetée de l'ouest et les 500 mètres extérieurs de la jetée de l'est, ce chargement devait être augmenté jusqu'à 20 tonnes par 10 mètres cubes; sur ces quantités, on devait au moins employer 7 tonnes par 10 mètres cubes pour l'immersion; le reste devait être placé sur les plates-formes immergées, en blocs plus ou

moins grands, dès que l'avancement des travaux le per-
mettrait, en ayant soin de placer les plus gros blocs à la
hauteur du niveau ordinaire des eaux et non pas au-dessous, parce que c'est là que la mer déploie ordinairement
sa plus grande force.

D'après le projet du Gouvernement, le poids moyen de
pierres, prévu pour l'immersion, était fixé à 700 kilos
par mètre cube de matelas, en conformité des prévisions
de M. Caland; l'enrochement des talus devait être fait au
fur et à mesure de la pose des matelas; au fond, on devait
employer d'abord les petits matériaux, dont le volume
devait augmenter au fur et à mesure où l'on atteindrait
les deux tiers de la hauteur; depuis cette cote jusqu'au
couronnement, le poids devait encore être augmenté, de
façon à ne pas être inférieur à 1,500 kilos au couronnement et dans les angles des talus, et même à 2,500 kilos là
où les jetées sont exposées à de fortes vagues.

Afin de protéger les fascines contre le choc des vagues et
de retenir en place les empierrements, M. Caland prévoyait
la nécessité de placer des pieux sur toute la longueur des
jetées, des deux côtés des jetées et le long de la crête;
on devait placer, à cet effet, des pieux ronds, espacés
d'un mètre d'axe en axe, et d'une longueur telle qu'ils
puissent pénétrer de 1 à 3 mètres dans le sol en traversant
les fascines; le diamètre de ces pieux était prévu de 0^{m}25
à 0^{m}35, selon leur longueur. En dehors de ces deux rangées de pieux, M. Caland considérait comme nécessaire
d'en placer d'autres, soit pour la jetée de l'ouest du côté
de la passe, une rangée jusqu'à une distance de 1,500 mètres du bout; de là, jusqu'à 1,200 mètres du bout, deux
rangées; et dans les derniers 1,200 mètres ainsi que
devant le musoir, trois rangées; du côté de la mer, on
devait placer deux rangées de pieux jusqu'au coude, et de
là, jusqu'au musoir trois rangées. Pour la jetée de l'est on

devait placer, comme pour la jetée de l'ouest, deux rangées de pieux le long de la crête, puis, du côté de la
passe, une rangée jusqu'à la distance de 500 mètres, de
là jusqu'au bout deux rangées du côté de la mer et
devant le musoir trois rangées. Tous ces pieux devaient
être espacés de 1 mètre et toutes les rangées devaient également être espacées de 1 mètre ; M. Caland avait calculé
la longueur moyenne de ces pieux à 5^{m}50 et leur circonférence moyenne à 0^{m}80. Pour donner à tous ces pieux la
stabilité nécessaire, M. Caland était d'avis qu'il convenait
d'élargir les couches de fascinages, de telle sorte que cet
élargissement soit environ de 1^{m}50 pour une rangée de
pieux ; pour deux rangées de 2 mètres et pour 3 rangées
de 2^{m}50 à 3 mètres, le tout en dehors du profil indiqué.

Les crêtes des deux jetées devaient être munies d'un
perré de 0^m 40 d'épaisseur, construit par des ouvriers
experts en ce genre de travail et composé de blocs pesant
au moins 500 kilogrammes, renfermés entre les pieux
bordant la crête et des pieux intermédiaires de 1^m 60 de
longueur, placés de telle sorte qu'il y en ait trois dans
chaque intervalle des pieux bordant la crête. Dans le projet de M. Ernesto de Otero le couronnement des jetées
devait être fait avec des blocs pesant au moins 800 kilogrammes et posés de façon à donner le moins possible
prise aux vagues dans les parties supérieures du couronnement.

Afin de protéger ce perré et, dans le but de diminuer les
dégâts que la mer pourrait occasionner, M. Caland est
d'avis qu'il est de rigueur de placer entre les blocs formant
le perré, dans le sens longitudinal des jetées, des pieux
de 3 mètres de longueur et d'une circonférence de 0^{m}60,
espacés de 0^{m}60 d'axe en axe ; à la jetée de l'ouest on
devait placer trois et à la jetée de l'est deux rangées de
ces pieux, de chaque côté du chemin de fer que nous

décrirons plus loin ; à chaque 2 mètres de la longueur des jetées, une semblable rangée de pieux devait être placée transversalement de manière à diviser les perrés en rectangles formés par les pieux.

Le projet de M. Ernesto de Otero diminuait à tort, à notre avis, d'une façon très sensible, les quantités de pieux à employer ; elles restent cependant proportionnelles en nombre, dans le profil transversal, à la largeur dudit profil, et il doit y en avoir 4, 6 ou 8 dans ce profil, selon que la largeur du couronnement atteint 6^{m}50, 8 ou 10 mètres. Ces pieux devaient être en bois dur du Brésil, très difficile à se procurer, avec des sections minima variant de 490 à 900 centimètres carrés.

M. Caland indiquait que le chemin de fer à établir sur la crête des jetées pouvait être construit de la manière suivante : deux rangées de pieux ronds enfoncés jusqu'au fond de la mer, espacés de 1 mètre, ayant de 0^{m}25 à 0^{m}30 d'épaisseur selon leur longueur, chaque rangée munie de longrines de 0^{m}25 $\times$ 0^{m}15 d'équarrissage, assemblées au moyen de tenons et de mortaises avec des coins et des chevilles, les deux rangées de longrines accouplées à des distances de 3 mètres au moyen de barres de fer de 0^m,035 d'épaisseur, fortement boulonnées ; le plancher devait se composer de traversines de 2 mètres de longueur, de 0^{m}10 $\times$ 0^{m}22 d'équarrissage, au nombre de 4 par mètre courant, et fixées sur les longrines au moyen de deux boulons de 0^{m}013 d'épaisseur ; sur ce plancher on devait placer les rails d'un poids de 28 kilogrammes par mètre courant, fixés au moyen de crampons, d'éclisses et de boulons. M. Caland recommandait en outre de construire à chaque kilomètre des jetées une voie de garage pour faciliter le transport des matériaux, et de placer à chaque deux kilomètres un signal pour indiquer à la navigation la position des jetées.

Dans le projet de M. Ernesto de Otero, deux des rangées de pieux servent en même temps pour la pose de la voie; sur la jetée de l'est, la voie est simple entre les piquets 0^k et 1^k440, avec un garage entre les piquets 0^k950 et 1^k050; à partir du piquet 1^k440 jusqu'au piquet 2^k300, la voie est double; à la jetée de l'ouest la voie est double entre les piquets 0^k et 1^k520 et doit avoir un garage vers le milieu de cette distance; la voie est ensuite double du piquet 1^k500 au piquet 3^k600. Les pieux des rangées extrêmes, c'est-à-dire celles se trouvant sur les crêtes du couronnement, doivent être reliés par des longrines de $0^m21 \times 0^m10$ de section transversale, entaillées sur les traverses qui relient les pieux dans le sens transversal et fixées à ces derniers par des boulons de 19 millimètres de diamètre; les traverses sont prévues avoir la même section transversale de $0^m21 \times 0^m10$; leurs longueurs varient naturellement avec la largeur des jetées; les traverses reposent sur des entailles faites aux têtes des pieux, auxquelles elles sont aussi fixées par des crampons de 19 millimètres de diamètre; la distance entre ces traverses est de 5 à 2 mètres selon la profondeur de l'eau et la distance à laquelle on se trouve du rivage; sur les bermes de 5 mètres et de 8 mètres on devait poser des espèces de haies de fascines au nombre de 3 à 4, distantes l'une de l'autre de 1^m50, et à partir de la distance de 1 mètre du bord extérieur des matelas.

Dans les bermes de 10 et 20 mètres ce nombre doit être porté à 5; ces haies doivent avoir environ 35 centimètres de hauteur.

Sur les pieux, où la voie doit être posée, des longrines de $0^m25 \times 0^m25$ de section reposent sur les traverses de la même façon que les longrines des pieux de crête du couronnement; elles sont entaillées dans ces traverses de 0^m05, pour bien maintenir les distances entre les pieux; les boulons qui fixent ces pièces de bois entre elles, doivent avoir 25 millimètres de diamètre; les joints des longrines sont entaillés sur 0^m15 de longueur et assemblés au moyen de boulons de 0^m019 de diamètre. Sur ces longrines reposent de nouveau des traversines, destinéesàbien maintenir leur écartement; ces traversines ont 200 centimètres carrés de section minima; elles sont entaillées sur les longrines et y sont fixées par des boulons de 0^m019 de diamètre; la voie repose sur des traversines écartées de 1 mètre entre elles; les rails étaient prévus à 28 kilogrammes. MM. Waldorp et Sawyer ont critiqué la plupart des dispositions adoptées par les ingénieurs brésiliens et par MM. Caland et Welker pour la construction des jetées.

M. Sawyer dit, en effet, dans sa note, que les dispositions proposées pour l'exécution même des jetées par M. Caland, et d'après lui par la Commission de la Barre, les rendent difficilement exécutables; cette exécution serait impraticable surtout dans le délai prévu que M. Caland n'aurait pu ou osé déterminer, la Commission s'arrêtant à sept années pour cette exécution; M. Sawyer ajoute : cette disposition suppose une mer toujours calme, un niveau toujours constant, enfin un état de la mer qui n'est que l'état exceptionnel et qui ne permettra de travailler efficacement que pendant trop peu de jours dans l'année. Le projet de la Commission avait fixé à la cote + 1,50 au-dessus de zéro, niveau des basses eaux, le plancher des estacades, qui sont, pour une partie des jetées, le seul moyen, et pour l'autre partie le moyen le plus actif d'exécution du travail. M. Sawyer prétend qu'il est notoire et constant dans le rapport de M. Honoré Bicalho que, lorsque la marée et certains vents du sud-est agissent dans le même sens, sans même qu'il y ait tempête ou mauvaise mer, le niveau des eaux s'élève jusqu'à 2 mètres. Que deviendront, dit-il, dans ces conditions, le matériel engagé sur ces jetées souvent à grande distance, et comment le travail pourra-t-il être effectué? Ces prévisions doivent, d'après lui, être modifiées complètement de telle sorte que le travail puisse être exécuté d'une façon normale, régulière et le plus possible indépendamment du plus ou moins bon état de la mer. Les estacades devront avoir leur plancher à une altitude sensiblement supérieure à celle primitivement indiquée, et elles devront être faites en pieux et madriers notamment plus forts que ceux du projet ; ce qui est dit ci-dessus, concernant l'exécution des jetées, s'applique au même degré d'importance à la possibilité de procéder ultérieurement à leur entretien. Ce sont là des dispositions qui, d'après M. Corthell, ont singulièrement facilité l'exécution rapide des jetées de Tampico ; M. Corthell formule d'ailleurs qu'il est impossible d'obtenir des procédés d'exécution permettant un travail continu, sans construire au-dessus des ouvrages un pont de service relié à la côte par une voie ferrée. Si M. Sawyer semble avoir raison de prévoir ces estacades, surtout s'il n'y avait pas lieu de considérer la dépense, à laquelle entraînent forcément de tels travaux qui constituent de vraies jetées supérieures aux môles, le projet même d'exécution qu'il propose d'adopter nous paraît, vu la nature du sol et l'état de la mer, des plus impraticables. En effet, M. Sawyer affirme que :

La composition de la jetée elle-même, qui n'est en grande partie formée que de matelas et de fascines, n'est pas d'accord avec les résultats que l'expérience a indiqués sur tous les points où ce mode de construction a été adopté. Si les matelas ont donné et donnent toujours de bons résultats lorsqu'ils sont employés directement sur le sol comme préventifs contre les affouillements, dans les fonds de quelque profondeur, ils ne donnent au contraire que des résultats médiocres et insuffisants dans le corps même des jetées; aussi l'expérience limite-t-elle maintenant, sauf le cas où l'on n'aurait pas de pierres à sa disposition, l'emploi des matelas de fascines uniquement à défendre des affouillements les fonds de quelque profondeur et seulement les parties de ces fonds exposées aux affouillements.

M. Sawyer semble méconnaître ou ignorer par ces appréciations plusieurs des avantages essentiels de l'emploi des matelas; M. Sawyer continue en affirmant qu'il y aurait donc de ce côté également des modifications importantes à apporter au projet pour assurer l'efficacité et la sécurité des jetées.

En ce qui concerne la méthode d'exécution même des jetées M. Sawyer a raison de dire que : l'élément principal de la construction des jetées, le moyen qui doit permettre de pouvoir effectuer avec autant d'activité que de sécurité, l'apport des déblais constitutifs des jetées, consiste dans les estacades sur lesquelles doivent venir facilement et régulièrement les wagons chargés d'enrochements. Ces estacades doivent donc être disposées de façon à assurer le mouvement facile des wagons, à éviter les encombrements et enfin à permettre de faire l'immersion des enrochements, pierres et pierrailles de la manière la plus satisfaisante et de façon pratique, au fur et à mesure des arrivées des wagons. M. Sawyer ajoute qu'il a déjà indiqué précédemment que l'estacade prévue par M. Caland et d'après lui par la Commission de la Barre, estacade qui, à la vérité, n'avait pas tout à fait la même destination, ne présentait pas les conditions qu'il est indispensable de remplir; M. Sawyer trouve qu'elle avait été prévue à une hauteur tout à fait insuffisante au-dessus des eaux; elle serait submergée à tout moment, le travail suspendu et le matériel compromis; elle ne présente pas d'autre part assez de solidité pour le service qu'elle aura à remplir; enfin elle ne prévoit qu'une voie avec quelques garages sur la première moitié des jetées et deux voies sur la seconde, disposition aussi anormale qu'impraticable avec les prévisions d'arrivage quotidien par voie ferrée d'une aussi grande quantité d'enrochements et de pierres.

M. Sawyer indique que la disposition qui mérite d'être substituée à celle du projet d'origine, comporte l'emploi de pieux de forte section, soigneusement enfoncés et entretoisés avec des madriers robustes solidement réunis; elle comprendrait 3 voies : 2 voies latérales de 1 mètre d'écartement et 1 voie centrale de 3 mètres d'écartement pour le service des grues qui devront effectuer le déchargement des wagons, cette largeur étant justifiée par la nécessité de donner aux grues à longue portée une stabilité exceptionnelle et pour permettre de déverser à l'intérieur les matériaux spéciaux qui doivent constituer plus particulièrement le noyau de la jetée. Le niveau supérieur des rails y est prévu à $4^m 30$ au-dessus du zéro des eaux pour maintenir, même par les plus hautes eaux, le matériel à l'abri des vagues. M. Sawyer ne trouve aucune raison pour que les rails soient de plus de 20 kilos par mètre, type adopté pour les chemins de fer du pays; en ce qui concerne les bois, il considère que l'extrême difficulté de se procurer en quantités suffisantes les pieux et pièces de bois de grande longueur en bois dur du pays, oblige d'admettre pour ces bois le pitchpin d'Amérique.

Les jetées seraient modifiées dans leur constitution; la substitution de la pierre aux matelas de fascines, qui avait été en partie prescrite par le projet de M. Ernesto de Otero, déjà substitué à celui de M. Caland, serait plus complète encore. M. Sawyer prétend que c'est la solution à laquelle doit conduire l'examen pratique de la question.

M. Waldorp a indiqué que jusqu'à des fonds de 3 mètres,

il ne serait pas employé de matelas ; qu'au delà de cette profondeur une couche de matelas serait employée aux deux côtés des jetées sous les talus des enrochements à l'effet de prévenir les affouillements ; il importe de remarquer, dit-il, que cette solution considérée comme préférable en elle-même pour la rapidité et la réussite du travail, correspond également à la quasi impossibilité d'immerger des matelas dans les fonds de moins de 3 mètres. Les ingénieurs qui ont spécialement exécuté de tels travaux, ne sont cependant pas de cet avis, et en fait on exécute des travaux de fascinage non seulement avec toutes les profondeurs d'eau mais aussi à sec.

M. Sawyer continue ses appréciations comme suit : en résumé les jetées devraient être constituées de pierres et d'enrochements, le noyau reposant partout directement sur les fonds, de même d'ailleurs que les talus des enrochements, lorsqu'on reste dans les profondeurs de moins de 3 mètres ; ces talus reposeront au contraire sur des matelas de fascines dans les profondeurs plus grandes, particulièrement sujettes aux affouillements.

Ces considérations ne semblent pas se comprendre et nous ne voyons d'ailleurs aucune raison pour que les affouillements soient plus grands au-dessous de 3 mètres, qu'à 2^{m}50 par exemple.

D'après M. Waldorp les matelas placés de chaque côté du noyau de la digue, laissant entre les deux piles une largeur d'au moins 10 mètres, seraient disposés en retrait les uns des autres de façon à couper les courants et à réduire ainsi les causes d'affouillements, ce qu'il dit être une disposition essentiellement économique et pratique et reconnue aujourd'hui comme telle par l'expérience.

M. Sawyer indique ensuite que les parties extérieures des jetées seront formées d'enrochements, mais que le noyau devra être constitué de préférence en petits matériaux; il veut déverser au centre des jetées le tout venant des carrières pour en assurer la cohésion et l'homogénité contre toute détérioration possible; il prétend que ce sont l'utilité de ce noyau plein et la nécessité du maintien de sa stabilité qui ont conduit les ingénieurs à éviter de l'appuyer sur des matelas de fascines qui, avec le temps, donnent toujours lieu à de graves inconvénients, et à le faire reposer directement sur les fonds mêmes dans les grandes profondeurs; il assurerait à la jetée une solidité très grande et une durée indéfinie avec un entretien réduit; enfin les modifications indiquées par M. Sawyer, d'après la pratique et l'expérience d'ingénieurs autorisés en matières de travaux maritimes, dit-il, seraient nécessaires pour arriver au résultat cherché, qui consiste à assurer la navigabilité constante et rapide de l'entrée du chenal du nord; les changements à apporter au mode d'exécution des travaux auraient en outre pour effet d'assurer la construction des jetées dans un temps relativement court, que M. Sawyer évalue approximativement à six années à partir de la mise en train normale du travail, tandis qu'il s'imagine que dans les conditions antérieurement prévues, la durée nécessaire à l'exécution serait absolument indéterminée; enfin ces modifications doivent suivant l'opinion de la science et de l'expérience, dit-il, présenter les meilleures garanties au point de vue de la résistance et de la rapidité d'exécution des travaux.

Ces affirmations si précises semblent cependant très critiquables aux yeux de bien des ingénieurs qui ont exécuté des travaux analogues sur plages en sables fins, où les matériaux ténus sont facilement engloutis, s'ils ne reposent sur de larges bases ou plates-formes d'une densité moyenne à peu près égale à celle de ces sables, comme on peut seulement les constituer avec des matelas de fascines.

Les divers projets énumérés, rationnels dans leur ensemble, ont donné lieu ainsi aux prévisions comparatives suivantes d'emploi de matériaux :

NATURE DES TRAVAUX A EXÉCUTER	UNITÉ de MESURE	PROJET BICALHO	PROJET CALAND	PROJET E. DE OTERO	PROJET SAWYER et WALDORP
Plates-formes ou matelas de fascines.	m³	225.000(*)	562.760	577.000	72.456
Pierres pour enrochéments et pavages.	tonnes	380.000(*)	956.692	957.200	804.392
Blocs de béton...................	m³	5.000	—	—	—
Pieux de 1ᵐ60..................	pièces		49.824	—	?
Id. de 2ᵐ50..................	pièces	6.110 pièces	—	1.950	?
Id. de 3ᵐ..................	pièces	ayant	112.160	—	?
Id. de 3ᵐ à 5ᵐ..............	pièces	33.627	560	4 845	?
Id. de 5ᵐ à 8ᵐ..............	pièces	mètres	49.900	5.880	?
Id. de 8ᵐ à 12ᵐ.............	pièces	de longueur	4.840	4.635	?
Id. au-dessus de 12ᵐ..........	pièces		—	1.550	?
Longrines de 0ᵐ25/0ᵐ25.........	m. l.	12.620	16.620	10.300	?
Id. de 0ᵐ21/0ᵐ10..........	m. l.	»	—	9.170	?
Traversines.................	m. l.	30.555	49.860	59.156	?

M. Sawyer indique, comme suit, le volume des travaux de protection de la rive ouest du chenal du nord, travail très facilement exécutable et sans aléas et qui est d'ailleurs commun à tous les projets :

Plates-formes en couches de fascines. 384,000 m³.
Pierre à raison de 700 k. par m³....... 268,800 tonnes.

Il est intéressant de se demander quelle sera la solidité de telles jetées pour résister à la force des lames; on sait que le maximum de choc des lames a lieu dans les mers sans marée et à faible marée au niveau moyen. Sur les

(*) Ces chiffres étaient donnés dans leur ensemble pour 408,280 mètres cubes.

côtes d'Europe, les accidents survenus aux ouvrages, peuvent s'expliquer en général en admettant une pression des lames de 4,000 à 6,000 kilogrammes par mètre carré, quoique sur les côtes rocheuses on ait constaté des lames exerçant une pression de trente tonnes par mètre carré; ce n'est qu'avec des pressions de cette force, qu'on pourrait expliquer le déplacement de longueurs entières de digues.

Mais quand la lame a pu se développer, comme c'est le cas à Rio Grande do Sul, sur un fond sans marée en pente relativement douce, sa force ne paraît jamais dépasser près du rivage 8,000 à 10,000 kilogrammes par mètre carré par les plus grandes tempêtes; ceci suppose que le choc est normal à la surface qui le reçoit; quand le choc vient sous un angle oblique, sa force se trouve considérablement atténuée, et d'autant plus que l'obliquité est plus grande; il y aurait donc lieu d'examiner dans quelle mesure l'obliquité des jetées aux lames soulevées à Rio Grande do Sul par les vents les plus violents, atténue le premier maximum observé; les éléments nous manquent pour aborder cette question.

Il faut observer en outre qu'il n'arrive presque jamais que le choc ait lieu au même instant et avec la même intensité sur toute la longueur de l'ouvrage; si toutes les portions de l'ouvrage sont suffisamment reliées, celle directement attaquée trouvera un appui dans ses voisines; il y a donc lieu de prendre le plus grand soin à Rio Grande do Sul que les liaisons soient aussi parfaites que possible entre les différentes parties des jetées, condition d'autant plus difficile à obtenir que la nature presque impérative des ouvrages en fascinages projetés, empêche une liaison aussi intense que dans les travaux en maçonnerie; toutefois ce défaut est par contre, compensé par la plus grande élasticité obtenue dans l'ensemble des jetées.

Dans la construction préconisée par MM. Sawyer et Waldorp l'ensemble de l'ouvrage sera beaucoup moins solide que dans la construction où l'on prévoit l'emploi de grands matelas de fascinage; les pierres mises en enrochement au centre des jetées s'enfonceraient d'ailleurs très profondément dans le sable, si elles ne reposaient sur de grandes plates-formes; il est impossible de dire où s'arrêterait alors le profil de la jetée; les navires qui s'échouent sur la plage de Rio Grande do Sul ou sur la barre disparaissent dans le sable mouvant comme dans un gouffre.

M. Laroche explique comme suit l'arrachement des pierres: dans une tempête, la lame ne frappe pas partout également le parement ; à l'endroit où la crête déferle il y a augmentation de pression; à l'endroit où le creux se forme, il y a diminution de pression. L'eau, qui a pénétré derrière le parement, peut avoir une tendance d'être charriée de la partie où a lieu le refoulement, pour s'échapper vers la partie où se produit une espèce d'aspiration ; dans cette dernière partie, un bloc subissant ainsi par derrière une forte poussée d'eau, peut être arraché et projeté en avant du parement, et cela d'autant plus que le bloc perd dans l'eau une fraction notable de son poids, et que le jaillissement de l'eau diminue les frottements ; dès qu'un bloc a été arraché, il devient l'origine d'une brèche qui, dans une grande tempête, peut, en quelques instants, prendre des proportions dangereuses; ce danger sera très grand aux extrémités des jetées avec le mode de construction adopté; il faut donc faire les réparations le plus rapidement possible; avec un entretien soigneux, les dépenses sont d'ailleurs très faibles ; c'est ainsi qu'à l'embouchure de la nouvelle Meuse au Hoek van Holland on ne dépense que 50,000 francs environ par an pour l'entretien des deux jetées, d'après les derniers renseignements qui nous ont été donnés par M. Welker.

Dragages et revêtements du chenal dragué. — M. Caland
considérait d'autre part comme nécessaire, pour obtenir
dans le plus bref délai et avec le plus de sécurité possible
le but qu'on désirait atteindre, d'exécuter entre les jetées
et au fur et à mesure où celles-ci s'avancent vers la mer
des travaux de dragage considérables dans le sens de la
formation de la passe projetée ; M. Caland disait que, si
le courant resserré entre les deux jetées et, par conséquent, d'une activité beaucoup plus grande qu'avant la
construction de celles-ci, pouvait exercer toute sa force
sur les sables qui obstruent actuellement en si grande
quantité le chenal projeté, il serait inévitable que ces
sables se déposeraient à l'intérieur ou à l'extérieur de la
barre actuelle. Si ce dépôt se faisait à l'intérieur, la difficulté pourrait ne pas paraître très grande à cause des profondeurs considérables qu'on y trouve et du peu d'obstacles qui s'opposent au travail du dragage ; mais si le
dépôt avait lieu à l'extérieur, la difficulté serait réellement
grande, parce que la masse de ces sables y formerait probablement des hauts-fonds qui, à leur tour, exigeraient le
prolongement des jetées, travail qu'il faut éviter autant
que possible, parce qu'il occasionnerait des dépenses considérables ; pour cette raison, M. Caland a compris dans
son projet la formation d'un chenal au moyen d'un travail de dragage de près de 9 millions de mètres cubes,
correspondant à l'état de la barre en 1885 ; ce travail a
été maintenu dans les projets du gouvernement, sans que
les quantités à draguer fussent fixées, dans l'espoir que
contrairement aux prévisions de M. Caland, une certaine
partie du cube serait charriée par le courant, assez loin ou
dans d'assez grands fonds pour ne pas donner lieu à des
dépôts d'un caractère nuisible.

Dans l'exécution, les dragages n'étaient prévus devoir
être commencés que dans la troisième année après le

commencement des travaux des jetées; les dragages doivent être exécutés avec de puissantes dragues à succion, si l'on ne rencontre que des sables purs, comme tout le fait supposer d'après les sondages exécutés par les ingénieurs de Sir John Hakshaw.

M. Caland donnait au chenal une largeur au plafond de 400 mètres, à 8 mètres au-dessous du niveau de la marée basse, profondeur à laquelle on peut s'attendre, à son avis, après l'exécution du projet; les talus devaient avoir 10 de base pour 1 de hauteur jusqu'à la profondeur de 6 mètres qui serait formée au nord de la passe, sur la largeur moyenne de 150 mètres et au sud sur la largeur de 200 mètres; ces deux fonds se réunissaient des deux côtés aux fonds existant alors à la même profondeur; ces dispositions sont changées en suite des modifications qu'a subies la barre.

M. Caland indiquait que les sables provenant de ces dragages, pourraient être déposés en grande partie dans la passe d'alors du sud-ouest, traversée par la jetée de l'ouest et à l'intérieur de la dite jetée; aussitôt que le dépôt aurait été fait, son talus du côté du chenal devait être revêtu d'une couche de fascinages de 15 mètres de largeur en moyenne, depuis la crête jusqu'au fond; le projet des ingénieurs du gouvernement était de déposer la plus grande partie de ces déblais dans les bas-fonds à l'intérieur de la jetée de l'ouest.

M. Caland proposait aussi de recouvrir d'une couche de fascinages tous les talus submergés, depuis le chenal du nord jusqu'auprès du musoir de la jetée de l'ouest, pour éviter que le chenal ne soit obstrué par les sables qui se trouvent derrière cette ligne et qui seront probablement attaqués par le courant sortant du chenal du nord.

M. Sawyer supprime, à tort, à notre avis, la protection du talus du chenal entre les jetées, ainsi que le remblai à l'angle de la jetée de l'ouest. Il calcule de ce chef une réduction de dépenses importante correspondant aux travaux suivants :

4 kilomètres 1/2 de talus d'une largeur moyenne de 80 mètres, correspondant à 360,000 mètres carrés, soit avec des matelas de 0^m60 d'épaisseur à, 216,000 mètres cubes de fascinages qu'il y avait lieu de charger avec 151,200 tonnes de pierres, c'est-à-dire 700 kilos par mètre cube de matelas.

En ce qui concerne les dragages, M. Sawyer est d'avis qu'avec le système proposé par lui. il n'y a pas de doute que la quantité à draguer entre les deux jetées sera réduite considérablement ; il croit que la fixation et la normalisation du chenal du nord conduira l'énorme masse d'eau qu'il contient suivant une ligne directe sur l'embouchure formée par les jetées. Au fur et à mesure que celles-ci avanceront et protégeront le courant contre toutes les influences étrangères, il se jettera avec toute sa force dans la direction de son axe normal et se forcera un passage à travers la barre, qu'il maintiendra toujours. Il est à prévoir, continue M. Sawyer, qu'il sera sans doute nécessaire d'aider le courant à se régulariser au moyen de dragages en des temps déterminés ; mais il n'y a pas de doute que le courant, avec son énorme masse d'eau bien dirigée, sera le moyen le plus efficace pour obtenir et surtout maintenir le résultat voulu d'une passe fixe et d'une profondeur grande et constante.

ORDRE À SUIVRE DANS L'EXÉCUTION DES TRAVAUX

M. Caland considérait qu'il était nécessaire de recouvrir aussitôt que possible le chenal de la passe du sud-ouest d'une couche de fascines assez large et assez bien chargée pour empêcher l'approfondissement de cette passe. Ces couches de fascines devaient être, dans le plus bref délai, rattachées, aussi bien que possible, à celles qui devaient former la fondation des jetées des deux côtes de la passe.

Dans le but d'entraver aussi peu que possible la navigation pendant l'exécution, M. Caland recommande de construire en même temps la partie de la jetée de l'est qui traverse la passe du nord-est afin de renforcer le courant sur la passe du sud-est pour lui donner la profondeur nécessaire correspondant aux besoins actuels de la navigation; M. Caland disait, qu'aussitôt que cette profondeur serait acquise, il serait nécessaire d'empêcher les courants, autant que possible, de continuer à charrier les sables de cette passe à la mer; M. Caland était également d'avis qu'il y avait grand intérêt à construire aussitôt que possible la jetée de l'ouest, non seulement pour empêcher l'augmentation de la masse de sable qui doit être draguée entre les jetées, mais aussi pour donner le plus d'abri possible aux machines au moyen desquelles on devait exécuter le dragage, abri qui serait, d'ailleurs, également obtenu au moyen de la partie de la jetée de l'est à construire dans l'intérêt de la navigation actuelle.

Il nous semble que l'ordre dans lequel les travaux projetés devront être exécutés dépendra essentiellement des premiers résultats obtenus, et qu'il devra certainement être apporté des modifications importantes aux prévisions d'origine.

DÉLAIS D'EXÉCUTION

M. Honoré Bicalho indiquait que les travaux de l'amélioration définitive devaient être exécutés dans un délai

de trois à quatre années; M. Caland, qui avait devant lui
l'exemple des travaux d'amélioration de la Meuse, exécutés en majeure partie sous sa direction, ne voyait pas sans
une certaine appréhension les difficultés de l'exécution, et
il disait qu'elle exigerait, du personnel qui en serait chargé,
tous les soins et toute la prévoyance dont il serait capable,
en même temps qu'une énergie plus qu'ordinaire; néan-
moins, continue-t-il, les travaux ne s'avanceront que lentement pendant les premières années; mais, au fur et à
mesure que les ingénieurs et les employés qui les assis-
tent auront acquis plus d'expérience et deviendront plus
familiers avec les difficultés qu'ils ont à vaincre, la marche
des travaux deviendra plus régulière; au moyen des études
et des observations faites par les ingénieurs brésiliens et par
ses visites sur les lieux, M. Caland a cherché à se rendre
compte de l'état de la mer et de la force des vents et des
vagues sur la barre de Rio Grande do Sul dans les différentes saisons de l'année, afin de pouvoir apprécier le
nombre de journées pendant lesquelles on pourrait travailler chaque année; d'après le résultat de ses recherches,
M. Caland n'a pas osé indiquer pour l'achèvement des travaux une période plus courte que dix années; il a cependant ajouté que, dans les travaux de cette nature, il est
impossible de fixer un temps précis pour leur achèvement; malgré ces conseils, le gouvernement brésilien a
exigé dans le contrat d'entreprise générale de ces travaux,
que les travaux fussent exécutés dans une période de sept
années; il est vrai que la longueur des jetées a été dimi-
nuée, comme nous l'avons vu plus haut. Enfin, M. Sawyer
prétend que les changements indiqués par M. Waldorp
comme devoir être apportés au mode d'exécution des travaux auront pour effet d'assurer la construction des
jetées dans un temps relativement court, qu'on peut évaluer
approximativement à six années, à partir de la mise en

train normale du travail, tandis que dans les conditions
du projet du gouvernement la durée nécessaire à l'exécution serait absolument indéterminée et non pas de sept
années, comme le gouvernement le prévoyait ; il est difficile de dire si les prévisions de M. Sawyer peuvent être réa-
lisées. La rapidité étonnnante avec laquelle les ingénieurs
américains viennent d'exécuter les jetées en fascinages du
port de Tampico, est un exemple des résultats qu'on peut
obtenir, et ne le cède en rien à la rapidité avec laquelle ils
ont exécuté leurs travaux des chemins de fer du Pacifique ;
les ingénieurs américains sont d'ailleurs d'avis que la rapidité d'exécution contribue puissamment à l'amélioration immédiate des passes.

Depuis les deux années que le gouvernement a traité
l'entreprise des travaux, on peut dire que rien n'a encore été exécuté, en suite de la révision du projet faite
par MM. Waldorp et Sawyer, et d'autres difficultés surve-
nues entre le gouvernement et l'entreprise.

ENTRETIEN DES TRAVAUX

M. Caland insistait sur la nécessité de faire l'entretien
des travaux avec le plus grand soin, au fur et à mesure
de leur exécution et après leur achèvement ; du maintien
des jetées dépend, en premier lieu, la conservation de la
passe. Chaque dégât occasionné soit par les vagues, dit-il,
soit par les courants, devra être réparé dans le plus bref
délai ; afin de prévenir les dégâts, autant que possible, il
considère la nécessité absolue de faire une minutieuse
inspection des travaux après chaque gros temps ou chaque
coup de vent de quelque importance, ainsi que des sondages réguliers, surtout aux extrémités et devant les

musoirs des jetées, afin d'examiner les effets des courants
et les conditions dans lesquelles se trouvent les travaux.
Les estacades supérieures prévues par M. Sawyer, ne
peuvent que faciliter ces inspections et cet entretien, à
condition de les établir d'une façon suffisamment solide,
pour qu'elles puissent elles-mêmes résister à la mer, ce
qui correspondra d'ailleurs probablement à une augmentation de dépenses considérables sur les prévisions d'origine ; ces estacades deviendraient d'autant plus nécessaires que le type de construction des jetées proposé par
MM. Sawyer et Waldorp, si l'on peut l'employer, nous
semble offrir bien moins de solidité que celui préconisé
par M. Caland.

EXÉCUTION DES TRAVAUX PRÉLIMINAIRES

C'est en suite des études de M. Honoré Bicalho qu'on a
commencé, en 1884, à draguer à la passe du sud ; on n'a
pu entraîner, en 6 mois, que 9,700 mètres cubes environ
répartis sur 58 journées de travail, la drague employée
n'ayant pu être tenue plus longtemps en service ; on se
servait d'une drague à pompe centrifuge entraînant 12 %
de matières solides ; dans le deuxième semestre de 1884,
on a extrait environ 5,000 mètres cubes. On a commencé
aussi en 1884 une estacade du côté est du chenal du nord,
formée de pieux distants de 5 mètres l'un de l'autre et
reliés entre eux par des matelas de fascines. On a ainsi
immergé 44 matelas mesurant 1,329 mètres cubes, ayant
coûté 8 ⚡ 112 (*) le mètre cube, dont 6 ⚡ 766 pour matériaux et 1 ⚡ 346 pour main-d'œuvre. On a continué égale-

---

(*) 1 ⚡ 000 valent 2 fr. 83 au change de 27 deniers.

ment les plantations de cèdres maritimes déjà précédemment commencées sur les terrains de l'Etat, près du cap nord ; on a posé 58,000 plants dont 23,000 pour substituer d'anciens plants morts ; on a également semé 80 litres de semence de pin maritime reçue du sud de la France.

En 1885, on a encore fait, pendant le premier semestre, des dragages à la passe du sud ; au commencement de l'année, la passe avait 2 mètres d'eau et on est arrivé à lui donner une profondeur de 2^m30 ; mais, en automne, de fortes tempêtes du nord-est ont régné pendant une quinzaine, suivies d'autres aussi fortes du sud-ouest ; ces tempêtes ont produit un grand remblai du côté intérieur de la passe du sud, en face du chenal dragué, dont la longueur augmenta considérablement, au point que du côté de la passe du sud-ouest, il s'est produit un déblai considérable ; en conséquence, la profondeur de ce chenal a augmenté et le thalweg de la passe du sud a été amené dans cette direction. En suite des conditions favorables dans lesquelles s'était maintenu le chenal dragué au sud, sa profondeur put être conservée jusqu'au milieu d'avril ; mais depuis, à cause de la forte agitation qui a régné sur la passe du sud, motivée par les courants des eaux douces de l'intérieur qui venaient lutter à la barre avec les vents soufflant du large, il a été impossible de continuer le travail de dragage ; la passe du sud s'est alors de nouveau ensablée au point que les dragues ne pouvaient plus la traverser. On fut forcé de l'abandonner et d'amener les dragues au sud-ouest où se dirigeait d'ailleurs le courant du sud, et où l'on croyait que le travail de dragage serait en conséquence plus efficace. La profondeur fut portée de 2^m55 à 2^m73, en deux mois.

Un fort courant de jusant du chenal du nord, produit par une tempête du nord-est les 9 et 10 juillet 1885, pendant laquelle la vitesse du vent était de 100^k5 à l'heure, a porté rapidement la profondeur de la passe du sud-ouest à 4ᵐ50, en lui donnant en même temps beaucoup plus de largeur ; le volume d'eau traversant le chenal était évalué à 15,000 mètres cubes par seconde. On avait dragué, dans les six premiers mois, 5,500 mètres cubes ; on résolut, après cette augmentation extraordinaire de profondeur, de suspendre les dragages jusqu'à ce qu'on ait construit une certaine longueur des jetées, parce qu'on croyait qu'on ne pourrait plus augmenter la profondeur en draguant, sans se servir des jetées pour augmenter la force du jusant.

Pendant l'année 1885, on planta 31,197 pieds de cèdres maritimes et 12,272 pieds de pins maritimes avec les graines des anciennes plantations ; les pins français furent reconnus mauvais pour Rio grande do Sul ; les cèdres maritimes poussaient le mieux en terrain sec et sablonneux ; la direction des études du port trouvait qu'il était temps d'étendre les plantations de cèdres sur la rive de l'ouest du chenal du nord où la fixation des dunes devenait d'une nécessité impérieuse ; les vents du quadrant sud-ouest amenaient en effet de grandes quantités de sables dans le chenal ; ces sables retournaient à la barre avec le jusant et contribuaient à l'obstruction de la passe ; on continua pendant l'année la digue longitudinale destinée à la régularisation de la rive est du chenal du nord, près de la section la plus étroite du chenal ; la digue avait atteint 250 mètres de longueur sur 3 mètres de largeur moyenne ; on posa pendant l'année 29 matelas de 10 à 20 mètres de longueur sur 2 à 3 mètres de largeur et 0ᵐ60 d'épaisseur ; la couche supérieure était placée à 1 mètre au-dessous du niveau de l'eau ; on commença aussi le revêtement en fascines de la rive ouest du chenal du nord, afin d'empêcher les érosions de s'y produire ; on immergea des matelas de 30 mètres jusque par des fonds de 2 mètres au-dessous du niveau des basses eaux ; ces travaux ayant été trouvés insuffisants, on immergea des matelas de 50 mètres jusque par des fonds de 6 mètres. On posa donc 15 matelas de 30 mètres et 5 de 50 mètres, ayant tous 4 mètres de largeur et 0^{m}25 d'épaisseur, qui furent suffisamment lestés de pierres. De l'autre côté, on employa 19 matelas ; en tout on immergea 997 mètres cubes de matelas, non compris 14 matelas remployés de l'année précédente.

Pendant l'année 1886, on a revêtu de matelas de fascines les rives du chenal du nord ; on a fait 34 matelas, dont 5 de 50 mètres de longueur et 29 de 30 mètres, ayant tous 4 mètres de largeur et 0^{m}30 d'épaisseur après la compression ; les résultats obtenus furent des plus satisfaisants, puisque les matelas posés perpendiculairement à la plage avaient jusqu'à 30 mètres de distance les uns des autres ; pour 1,344 mètres cubes de matelas, on a employé 60 tonnes de pierres.

En 1886, on a planté environ 40,000 arbustes de cèdres maritimes ; en outre pour empêcher le sable de se mouvoir entre les arbustes, on a construit environ 3,000 mètres de longueur de clôtures en fascine, pour lesquelles on a employé 1,000 mètres cubes de fascines ; le résultat a été satisfaisant, car des deux côtés des clôtures se sont formées des digues de sable de 2 mètres de hauteur et de 5 à 6 mètres de largeur ; sur ces digues on a de nouveau planté des cèdres.

Entre les cèdres plantés en 1885, le terrain avait déjà pris de la consistance et s'était recouvert de verdure ; au bout d'une année les racines d'un plant s'étendaient à une distance de 6 à 8 mètres ; les racines principales mesuraient 2 à 3 millimètres d'épaisseur et entre elles se trouvait un vrai réseau de racines très fines, qui consolidaient les sables et empêchaient que les vents ne les emportent.

Les plantations n'avaient été faites que près de la pointe nord de la barre sur une largeur d'environ 3 kilomètres.

On a continué pendant l'année 1887 les plantations de cèdres maritimes à la pointe de la barre afin d'arrêter le mouvement des sables, qui, par les vents régnants du nord-est, se forme le long des côtes et se dépose à l'issue du chenal du nord, en constituant ainsi l'une des causes de formation de la barre.

Dans les mois de juin à août, où l'on peut faire les plantations, on a posé 106,300 pieds, en partie dans les éclaircies des plantations d'années précédentes, et en partie sur le prolongement de ces plantations.

Les plantations auraient parfaitement réussi ; leur action sur l'arrêt des sables était manifeste, et une grande partie de sable, retenu par les plantations, s'est agglomérée au milieu d'elles, en formant des monticules.

Pour régulariser la rive orientale du chenal du nord près de sa sortie à la mer, nous avons vu qu'on a construit en 1884, une estacade ou digue longitudinale de 500 mètres de longueur formée par une ligne de pieux et garnie intérieurement d'une couche de matelas de fascines, immergés seulement par leur propre poids, après avoir été mouillés. Cette estacade est restée en bon état et l'espace compris entre elle et la terre s'est suffisamment colmaté.

La rive ouest du chenal depuis Mangueira jusqu'au cap Sud, sur une longueur de près de 8 kilomètres, continuait à être considérablement érodée par le courant de jusant renforcé par les vents frais du nord-est. Les levés et études faits par la commission, de mai 1883 à novembre 1884, montrent que ces dépôts atteignirent pendant ce temps 12 mètres de longueur à l'endroit dénommé Macaco, près du hameau de la barre.

Les atterrissements de sable près des matelas posés en 1885 continuaient, ce qui prouvait l'excellent résultat obtenu par ces travaux. On avait en tout, y compris l'année 1886, revêtu 800 mètres de longueur de cette rive occidentale.

Dans les matelas qui ont servi pour ce revêtement, on a employé comme essai, du fil de fer, au lieu de corde de bêta; la destruction de ce fil de fer a été plus rapide qu'on ne le croyait; en 1887 les fascines de beaucoup de matelas n'étaient souvent plus tenues que par le bout des pieux et par le sable qui s'était déposé entre elles; nonobstant les matelas continuaient à bien protéger les rives de l'action érosive des courants.

Depuis l'année 1889, le gouvernement a exécuté peu de nouveaux travaux de protection et de régularisation, vu qu'on avait déjà décidé à cette époque de traiter les travaux d'amélioration de la barre de Rio Grande do Sul avec une entreprise générale.

EFFETS PROBABLES DES TRAVAUX A EXÉCUTER

La passe pourra-t-elle être maintenue ouverte et les dépenses considérables à faire donneront-elles un résultat utile ?

On doit répondre à cette question, qu'il est impossible de se rendre compte d'une façon certaine du résultat qu'on pourra obtenir.

Les ingénieurs sérieux et sincères, qui se sont occupés et qui s'occupent encore de travaux à la mer de cette nature et de cette importance, c'est-à-dire de l'amélioration de barres et de passes, sont unanimes à reconnaître aujourd'hui, qu'il est difficile de se rendre compte, de prime abord, des effets définitifs qu'on peut obtenir par les travaux à exécuter, de même qu'il est impossible de prévoir, même approximativement, les dépenses auxquelles on sera entraîné; nous n'avons qu'à mentionner comme exemple, à l'appui de notre dire, et ceci sans nuire à sa réputation, que l'un des ingénieurs considérés aujourd'hui comme des plus compétents en cette matière, l'inspecteur général du Waterstaat du royaume de Hollande, M. Caland, avait estimé les travaux d'amélioration à l'entrée de la Meuse, à moins du tiers de ce que ces travaux ont réellement coûté, et que les projets d'origine ont dû être considérablement modifiés en cours d'exécution ; de même, à l'entrée du canal d'Amsterdam à Ymuiden ,où l'inspecteur hollandais Waldorp s'est acquis une juste réputation, les travaux exécutés ne l'ont pas été en conformité des prévisions.

Ce que l'ingénieur peut faire, c'est après observations, études et enquêtes des plus longues et des plus minutieuses, établir un projet qui lui donne l'espérance d'arriver à une solution ; ses études doivent être comparatives, c'est-à-dire porter sur ce qui a été fait presque partout à l'étranger dans des circonstances analogues ; il doit examiner et peser les succès comme les insuccès ; malheureusement bien souvent, avec des causes apparemment entièrement identiques, on a obtenu souvent un succès où bien on a eu à regretter un insuccès (*) ; si nous nous en reportons spécialement à Rio Grande do Sul, il paraît certain que l'éminent ingénieur anglais sir John Hakshaw a été d'avis, il y a une quinzaine d'années au moins, qu'il ne voyait pas de solution pratique possible pour l'amélioration des travaux de la barre de Rio Grande do Sul ; par contre, l'ingénieur brésilien Honoré Bicalho, qui a étudié la question sur place, et qui a voyagé ensuite en Europe et aux Etats-Unis, pour se rendre compte de la solu-

-----

(*) Voir la description des améliorations de barres sur la côte orientale de l'Irlande, dans l'étude sur l'*Amélioration d'entrées de ports et d'embouchures de rivières sur plages de sable*, deuxième partie, par Max Lyon.

tion de problèmes apparemment semblables, a indiqué une solution qu'il croyait convenable pour arriver au succès ; depuis cependant, l'ingénieur hollandais Caland a modifié le projet de M. Honoré Bicalho ; ensuite l'ingénieur brésilien Ernesto de Otero, qui a été pendant quelque temps chargé pour le compte de l'État, de l'étude et de l'inspection générale des travaux, a de nouveau apporté des modifications au projet de M. Caland, avant l'exécution des travaux, modifications qui auraient obtenu l'entière approbation de M. Caland. Depuis cette époque encore, M. Waldorp a jugé opportun d'introduire des modifications importantes à ces derniers projets, en se rapprochant plutôt du projet de M. Honoré Bicalho pour la direction des jetées.

La vérité semble être qu'à Rio Grande do Sul, comme partout ailleurs, on ne peut prévoir, mais seulement espérer ; nous devons ajouter que l'incertitude est encore plus grande à Rio Grande do Sul qu'ailleurs, car il n'y a aucun exemple qui puisse servir de terme de comparaison, même pas celui des travaux de Swinemunde, qui se rapprochent cependant le plus de ce qui peut se passer à Rio Grande do Sul; la barre de Rio Grande do Sul est, en effet, à l'issue d'un chenal de 12 kilomètres de longueur, qui est le déversoir de deux grandes lagunes alimentées par un bassin hydrographique très important, soumis à l'influence des vents et des crues ; la marée est en général très faible, mais les vents, la mer et les courants sont très violents; ou peut dire que les fortes marées sont intermittentes et qu'elles sont produites par les vents ; la vague est particulièrement brisante ; les vents sont changeants et ils soufflent souvent en tempête ; il n'y a pour ainsi dire pas de vents régnants qui aient une prédominance bien marquée sur ceux soufflant d'une autre direction ; nous ne voyons donc pas d'exemple de travaux exécutés dans des conditions identiquement semblables.

M. Eyriaud des Vergnes est aussi d'avis que les circonstances locales doivent avoir, dans l'étude du tracé d'un port, une influence beaucoup trop grande pour qu'on puisse fixer, *a priori*, des règles absolues en ces matières; il croit cependant que si les règles d'application générale sont en petit nombre, et s'il n'est pas ordinairement permis de conclure par imitation qu'une méthode employée avec succès sur un point déterminé réussira sur un autre point, il est possible cependant par l'examen sérieux d'une série d'insuccès et de leurs causes, d'arriver à des conclusions pour ainsi dire négatives, excluant les solutions mauvaises; ce serait là déjà un résultat utile ; M. Eyriaud des Vergnes insiste sur l'efficacité de dragages économiques pour arriver au but qu'il serait difficile d'atteindre autrement; c'est là, en effet, l'unique remède si, après avoir tout mis en œuvre pour réussir, on n'a obtenu qu'une amélioration partielle ou temporaire.

M. Laroche, au contraire, préconise l'emploi préalable de dragages, qui, dit-il, donnent souvent une solution du problème sans qu'on ait besoin de recourir à des digues; c'est là une opinion émise par lui au dernier congrès de navigation, et qui a rencontré la plus vive opposition de la part de MM. Partiot, Mangin, Fargue, Vautier, Quinette de Rochemont, Vernon-Harcourt, etc., vu que des dragages seuls ne semblent devoir donner des résultats appréciables que dans des cas tout-à-fait exceptionnels, comme sur les passes de la Mersey, où le terrain est relativement fixe.

NOTE

SUR

L'EXÉCUTION DE TRAVAUX EN FASCINAGES

Les études que nous avons faites pour l'exécution des travaux d'amélioration de la barre de Rio Grande do Sul, nous ont conduit à examiner les travaux analogues exécutés en mer en fascinages ou en matelas de bois, et comme il est assez difficile de trouver des renseignements à ce sujet, il nous a paru intéressant de relater ici le résultat de ces études. Nous donnerons d'abord les éléments entrant dans les travaux de fascinage, et nous décrirons ensuite quelques jetées exécutées avec des bois employés de cette façon ; les renseignements principaux à ce sujet nous ont été fournis par nos propres études et recherches ainsi que par les mémoires de R. Scheck, Vernon-Harcourt, Keller, Voisinbey, Franzius et Sonne, Croizette Desnoyer, Debauve, Hoffer, Caland, Corthell, Galand, les rapports des ministres de la marine des États-Unis, les rapports aux Congrès de navigation et de travaux maritimes, etc.

ÉLÉMENTS ENTRANT DANS LES PLATES-FORMES

OU MATELAS DE FASCINES

Les principaux éléments entrant dans les travaux de fascinage sont les suivants :

1º **Fascines**. — Les fascines, faisceaux ou fagots de fascines, sont formés par une réunion de branches fines et flexibles entourées par des liens dénommés harts; en Hollande, on fait les fagots avec des branches de saule en pleine croissance de 3 mètres à 3^m50 de longueur, réunis par deux liens placés en général l'un à 0^m22 du gros bout, et l'autre à 0^m60 plus haut; la circonférence du premier lien a 0^m50 et celle du second 0^m40; pour la confection de matelas ou plates-formes de fascines, on laisse quelques grosses branches dans les fagots; le meilleur branchage est toujours le saule; il pousse bien surtout en terrain argileux, légèrement sablonneux; dans le nord de l'Allemagne, la durée de croissance de ces fascines est de 2 à 3 ans; on compte qu'on peut couper toutes les années un fagot par mètre carré de terrain planté; en Hollande la durée de la croissance semble être bien supérieure; on compte 3 à 4 ans sur les bords de la Meuse, dans des terrains composés d'alluvions, de vase et de sables; on peut couper chaque année par hectare environ :

> 400 fagots de piquets de clayonnage ;
> 400 fagots de fascines de clayonnage ;
> 4000 fagots de fascines.

La fascine dénommée en Belgique fascine de Brabant, et d'ailleurs également employée en Hollande, est plus petite et convient moins aux grands travaux à la mer; elle est formée de bois de cinq années de croissance, en chêne, bouleau, frêne et noisetier; on admet en général un quart de remplissage en saule ou aune; les fagots faits avec ces fascines ne sont pas aussi flexibles que ceux qui ne contiennent que des tiges de saules; cependant ces fagots sont assez estimés à cause de leur irrégularité, qui donne un enchevêtrement très apprécié pour la solidité des matelas; on emploie, comme en Hollande, deux liens ou harts, le premier à $0^m 30$ du gros bout, et le second $0^m 50$ plus loin; on détermine l'épaisseur du fagot en donnant au premier hart $0^m 37$ et au second $0^m 30$ de circonférence.

En Allemagne, on donne toujours la préférence aux fascines de saule, mais on emploie aussi volontiers le pin, le sapin rouge, le chêne, le bouleau, le noisetier et même les épines; lorsqu'on autorise l'emploi de peupliers ou d'aunes, ce n'est qu'à l'état frais; on coupe généralement les fascines, lorsqu'elles ont $2^m 50$ à 3 mètres de longueur; on donne aux fagots un diamètre de $0^m 30$ à $0^m 35$ à leur gros bout et de $0^m 20$ au milieu; les tiges sont réunies au moyen de deux harts en saule ou fil de fer, dont l'un est à $0^m 30$ du gros bout et l'autre aux deux tiers de la hauteur; souvent les ingénieurs allemands prescrivent l'emploi de trois harts.

On considère qu'il est très difficile de manier convenablement des fagots de plus de 3 mètres de longueur; pour cette longueur et une épaisseur de $0^m 30$ au gros bout, on compte 7 à 8 fagots au mètre cube; cependant en Hollande on emploie souvent, pour les remplissages des matelas, des fagots ayant $4^m 50$ à 5 mètres de longueur et comprenant des tiges qui ont jusqu'à $0^m 05$ de diamètre.

Pour faire les fagots, on pose d'une façon régulière les gros bouts dans le même sens, et ensuite on les lie ensemble. En Allemagne, on prescrit que les bois doivent être bien ébranchés ; on n'emploie que des tiges à peu près droites et flexibles, n'ayant en leurs gros bouts que 0^m02 à 0^m03 de diamètre ; elles doivent avoir autant que possible la même longueur que les fagots ; en tous cas, dans les fagots de 2^m50 de longueur, on n'admet pas de tiges plus courtes les unes que les autres ; dans les fagots plus grands, chaque tige doit être tenue au moins par deux harts.

La principale qualité qu'on exige d'une tige de fascine étant d'être très flexible, on comprend qu'on écarte minutieusement tous bois durs ou morts ; plus les fascines sont lisses et droites, moins il y a de vides entre les diverses tiges et moins on aura besoin d'employer de pierres pour couler et immerger les matelas et moins aussi il y aura de tassements après leur mise en œuvre ; toutefois, lorsqu'on emploie des bois durs, comme c'est nécessaire en certains pays, parce qu'il n'y a pas d'autres bois que ceux dont la densité est presque égale à celle de l'eau, on doit, pour arriver à flotter les matelas et à les conduire à pied d'œuvre, ne pas éviter les vides et même les augmenter artificiellement en laissant les feuilles aux branchages ; pour la solidité de la construction elle-même, il paraît absolument indifférent qu'on ait enlevé les feuilles ou qu'on les ait laissées, mais dans ce dernier cas, il faut immédiatement mettre les matelas en œuvre. On ne pourrait laisser les meilleures fascines sécher plus d'un an, sans les rendre complètement impropres à la confection des matelas.

Lorsqu'on achète les fascines par fagots, on en prend livraison en tas de 2 mètres de hauteur, après 6 à 8 jours de tassement naturel en cet état ; en cas de prise en livraison immédiate on déduit 0^m30 par 2 mètres de hauteur ; lorsqu'on est pressé pour l'emploi des fascines livrées, on accepte les fagots à la pièce, après avoir calculé, comme il a été dit ci-dessus, le nombre de fagots composant un mètre cube; il est prudent dans les contrats de fournitures de fagots de bien spécifier le mode de réception, afin d'éviter de nombreuses contestations.

Lorsqu'on ne peut trouver l'emploi immédiat des fascines, et lorsqu'on est obligé de les laisser longtemps à l'état d'approvisionnement, il est bon, surtout par les temps humides, de placer les fagots verticalement les uns à côté des autres, les queues en bas et reposant directement sur le sol; on fait une sorte de toiture sur le sommet en y mettant des couches de fascines, comme pour les toits en chaume.

Dans le nord de l'Europe, lorqu'on prend les fascines dans les plantations de saules aménagées pour être exploitées longtemps à proximité des chantiers, il est prudent, afin de ne pas détruire des plantations souvent fort coûteuses, de ne couper les saules qu'à la fin de juillet ou tard en automne; il faut couper les saules à ras de terre avec un couteau ou une hachette très aiguisée; un ouvrier peut couper et lier environ 40 à 50 fagots par jour. Avec des fagots de 0^m 30 à 0^m 35 de diamètre, dont les fascines ont de 2 à 3 mètres de longueur, on compte que 300 fagots empilés doivent donner 24 mètres cubes 1/2; les 100 fagots en saule valent au moins de 15 à 16 francs avec une distance de transport par eau de 12 kilomètres.

Les fagots en bon pin ou sapin sont confectionnés avec des bois abattus d'avance; un ouvrier peut alors préparer 90 à 100 fagots par jour.

Pour les travaux à exécuter à Rio Grande do Sul, on a été obligé, vu la qualité du bois, d'accorder des facilités toutes spéciales; on autorise l'emploi de bois de 1^{m}60 de longueur et de 4 centimètres de diamètre, en toutes qualités de bois bien droit et flexible; les ingénieurs du gouvernement brésilien considèrent aussi l'emploi de leur bois vert comme préférable au bois sec. Toutefois le poids spécifique très élevé des bois du Brésil, rendra souvent difficile de se conformer à ce désidératum; le bois pour les matelas de fascines doit être livré en fagots de 0^m40 à 0^m60 de diamètre, dout la forme doit être autant que possible cylindrique; ces fagots doivent être liés par trois ou quatre harts en fil de fer, selon la longueur des fagots; les fascines de chaque fagot doivent aussi avoir toutes à peu près la même longueur. Chaque fagot doit être serré autant que possible par l'effort des bras, afin de ne pas se disloquer pendant le transport; pour le métré des fagots en approvisionnement on doit les disposer en tas de 0^m70 à 0^m80 de hauteur moyenne, et on obtient le tassement avant le métrage par le piétinement de 4 à 6 hommes; les fagots de même longueur doivent être séparés en lots numérotés et de formes régulières; ces bois durs sont en assez grandes quantités sous forme de fascines à une centaine de kilomètres au maximum des chantiers; on peut d'ailleurs faire les transports par eau. Les principales essences de bois qu'on rencontre dans ces régions, sont toutes, sauf le saule, inconnues en Europe; elles sont dénommées par les gens du pays : mimosa, sarandy blanc et rouge, camboui, amarelho, marmeleiro ordinaire et marmeleiro de matto, pinguero, camboata, catingo de porco, cha de cha, cocao branco, pao de leite, sotto cavalho, vassoura (très flexible), murta canella, arasa, taruman mol, canella di viado, larangera, etc.

Un petit fagot assemblé par nous avec des fascines d'égal diamètre de chacune de ces essences, reliées avec trois harts en fil de fer de 1 millimètre 1/2 de diamètre ne flottait pas dans l'eau douce immédiatement après la coupe; quarante-huit heures après, il flottait dans l'eau de mer avec une surcharge de lest de 20 °/₀ de son poids.

2° **Liens ou Harts.** — Depuis quelque temps, on

emploie fréquemment comme liens ou harts du fil de fer galvanisé de 2 à 4 millimètres de diamètre; en Hollande on se sert souvent de cordes fabriquées avec des herbes d'Australie, coûtant 1 franc les 100 mètres. On prend cependant encore avantageusement des saules, des osiers ou des tilleuls, considérés comme très flexibles; les harts doivent avoir 1^{m}25 à 1^{m}50 de longueur; lorsqu'on se sert de saules, on coupe à ras de terre des fascines n'ayant pas plus de 1,5 centimètres de diamètre et âgées de 2 ans au plus; on ne peut les employer à l'état vert, par ce que la sève les rend cassants sous les efforts de torsion qu'ils ont à subir; on les sèche en plein soleil pendant quelques heures ou bien on les grille au feu; ils sont suffisamment secs quelques jours après la coupe; si l'on veut les garder longtemps ayant leur emploi, on les conserve immergés dans l'eau après les avoir grillés au feu; ces règles ne sont pas absolues, car cela dépend beaucoup de la qualité des saules. Pour empêcher ces liens de se rompre au nœud, il faut les tordre; à cet effet l'ouvrier pose le pied sur le petit bout de la fascine et le tord par le gros bout; pour éviter la formation de nœuds par la torsion, il faut raidir continuellement les fascines; l'ouvrier commence la torsion par le petit bout en appliquant toujours la main gauche à la hauteur jusqu'où l'effort de torsion s'exerce successivement; il continue jusqu'à ce que le bois soit complètement brisé sur toute sa longueur et soit devenu flexible comme une corde.

Pour lier les fagots, on commence par faire une boucle au petit bout du hart, et on passe alors le lien sous les fascines; puis on tire vigoureurement à soi le gros bout, jusqu'à ce que les fascines soient suffisamment pressées les unes contre les autres pour qu'on ne puisse pas facilement les retirer du fagot; ensuite on passe le gros bout à travers la boucle; on continue encore à tourner jusqu'à ce qu'il se soit formé un deuxième nœud, puis on rentre le bout du hart dans le fagot.

Avec du fil de fer ou d'acier flexible, on procède de la même façon; on emploie du fil de 2 à 3 millimètres de diamètre, pesant de 2 kilos à 3 kilos 500 par 100 mètres ; quelquefois aussi on se sert de fil de fer de 4 millimètres de diamètre, dont le poids est de 7 kilog. par 100 mètres; une bonne précaution à prendre pour les travaux à la mer, c'est de chauffer le fil au rouge avant son emploi, avec du charbon de bois, puis de le laisser refroidir lentement.

3° **Saucissons.** — Les saucissons ont une longueur variable; selon la longueur et la largeur des matelas, et on les fait presque toujours d'une seule pièce.

L'emploi des saucissons dans les matelas de fascines remonte, d'après M. Galand (*), à la plus haute antiquité dans les régions du bas Euphrate, pour la construction des barrages et des digues. Aujourd'hui encore les Arabes emploient d'énormes saucissons en fascines de berdi de 2ᵐ50 à 3ᵐ50 de diamètre, sur une longueur qui varie de 20 à 50 mètres; on commence par fabriquer un câble en roseaux de 0ᵐ30 à 0ᵐ40 de diamètre, et d'une longueur à peu près double de celle que doit avoir le saucisson; les roseaux employés à la confection de ce câble sont écrasés à la masse, après un rouissage convenable. Le câble est formé d'un toron d'une longueur double de celle qu'il doit avoir; ce toron est replié sur lui-même, en ayant

---

(*) M. Galand, inspecteur général des ponts et chaussées de France, directeur des travaux publics au Ministère des Travaux publics de Turquie, a rapporté d'un récent voyage en Mésopotamie des notes manuscrites intéressantes au sujet des travaux de fascinages exécutés par les ingénieurs arabes.

soin de garnir de fascines la boucle qui se forme en son milieu, au moment où ses deux extrémités se rapprochent. Le câble ainsi constitué est placé sur un lit de paille ou de broussailles et de fascines, dont la largeur correspond à la longueur du saucisson, et la longueur à l'épaisseur qu'on veut lui donner.

Ce lit de fascines repose sur une série de cordes en fibres de palmiers, espacées l'une de l'autre de 0^m30 environ et disposées perpendiculairement à la longueur du saucisson. Après avoir noué sur les câbles les extrémités les plus rapprochées de ces cordes, on enroule autour de ce câble comme axes, le lit de paille et de fascines, jusqu'à ce que le saucisson ait acquis le diamètre désiré, en ajoutant, s'il est nécessaire, de la nouvelle paille et de nouvelles fascines. Puis on noue, sur le saucisson lui-même, les extrémités des cordes, restées libres, de façon qu'il soit solidement ficelé. Le câble servant d'axe, étant plus long que le saucisson, dépasse son extrémité de tout le surplus de sa longueur. On doit veiller à ce que le bout de câble sorte de l'extrémité du saucisson qui regarde l'amont, l'autre bout se trouvant solidement retenu, à l'intérieur, par les fascines engagées dans sa boucle, comme il a été dit plus haut; une fois terminé, ce saucisson, très solide, est roulé, à force de bras, jusqu'à la berge et immergé dans l'eau; quand ils ne peuvent se procurer du Berdi et de la paille pour faire ces saucissons, les Arabes ont recours aux branches de tamaris, pour la confection des fagots, et aux broussailles épineuses d'astragales et de mimosas pour les remplissages. Des centaines d'hommes sont souvent employés par les Ingénieurs arabes à la fabrication et au déplacement de ces saucissons, avec lesquels on construit des digues très résistantes, dont la solidité est attribuée à la longueur des saucissons et à la grande résistance de ce mode de fascinage.

Après cette courte description, donnée d'après M. Galand, sur la fabrication des saucissons en Turquie, exami-
nons la forme et le mode de fabrication employés dans
les pays du nord; généralement les saucissons sont formés
en cylindres avec des branches tirées des fagots et reliées
de 0^m10 en 0^m10 au moyen de harts afin de les maintenir
serrées les unes contre les autres; de fortes harts supplémentaires tordues au moyen d'un piquet sont placées tous
les 0^m75 à 0^m90. Quelquefois on remplace ces deux espèces
de liens par des harts moyennes espacées de 0^m20 les unes
des autres; les liens donnent toujours lieu à l'opération
la plus difficile dans la confection des saucissons; il faut
avoir acquis un tour de main spécial pour tourner le lien
et lui donner la flexibilité nécessaire à la confection du
nœud.

Le saucisson doit être très flexible, afin de se prêter aux
ondulations du terrain. On l'emploie pour constituer le
grillage des plates-formes ou matelas à échouer sous lest;
quelquefois il remplace le tunage ou clayonnage que nous
décrirons ci-après.

On donne aux saucissons un diamètre de 0^m10 à 0^m15;
la longueur des saucissons étant généralement égale à
celle des matelas ou plates-formes de fascines, on est obligé
de les confectionner sur un bâti ou établi spécial; on compose de préférence ce bâti de la façon suivante : on enfonce
perpendiculairement dans le sol des piquets de 1^m50 de
longueur, distants de 0^m60 les uns des autres; on les en-
terre solidement sur une hauteur de 0^m50 environ; à côté
de chaque piquet perpendiculaire, on en fiche un second
de travers, de façon à ce que les deux piquets se croisent à
0^m65 du sol et à ce que la distance entre les deux têtes des
piquets soit égale à environ une fois et demi le diamètre
des saucissons à confectionner, soit 0^m15 à 0^m225 pour des
saucissons de 0^m10 à 0^m15 de diamètre; de cette façon on

peut fabriquer les saucissons à une bonne hauteur au-
dessus du sol, soit à environ 0^m80 ; la main-d'œuvre est
ainsi la plus économique possible ; on lie les deux piquets
en leur croisement par une hart.

En Hollande, on confectionne souvent les saucissons sur
une table, formée par trois piquets de clayonnage dont
deux sont fichés dans le sol verticalement à 1 mètre de
distance l'un de l'autre, et dont le troisième est cloué sur
les têtes des deux autres ; on laisse entre les tables une
distance de 0^m90 ; ces tables sont parallèles entre elles et
on en met autant qu'il en faut pour correspondre à la lon_
gueur du saucisson qu'on veut confectionner.

On choisit pour les saucissons les fascines les plus longues, les plus flexibles et les plus égales et on les pose sur
les piquets ou tables de façon à ce que les gros bouts soient
répartis à peu près uniformément sur toute la longueur
et disparaissent toujours dans l'intérieur du saucisson ;
c'est là un travail qui demande une très grande habitude
et qui ne peut pas être fait par tous les ouvriers ; avec les
fascines de Brabant il est difficile de faire un choix de
tiges égales ; cependant de très bons ouvriers peuvent faire
d'excellents saucissons avec ces fascines, quoiqu'ils ne
soient pas très beaux à la vue. Il doit y avoir sur toute
la longueur du saucisson au moins deux fascines ayant
0^m03 de diamètre pour former le corps du saucisson ; ces
fascines devront chevaucher d'une longueur raisonnable
l'une sur l'autre, pour avoir encore plusieurs harts
communes ; sur chaque fascine principale plusieurs harts
tiendront les petites tiges qu'il faut ajouter au saucisson
pour qu'il ait bien l'épaisseur voulue ; le saucisson ainsi
formé aura une grande résistance à la traction ; il faut
aussi qu'il conserve une flexibilité suffisante. On ne
saurait apporter trop de soins et trop de minutie à la
confection des saucissons, car ils doivent rester flexibles

tout en étant bien bourrés et bien remplis. Pour lier les harts aux saucissons, l'ouvrier presse le saucisson contre son genou, et place tous les nœuds du même côté; lorsqu'on enlève les saucissons des piquets ou tables, on les pose de façon à ce que tous les nœuds soient sur le sol, afin de les garantir contre des cas fortuits de rupture; on entre le bout du hart dans l'intérieur du saucisson, ou bien on le relie au hart suivant. Il est mauvais de trop comprimer les saucissons; cependant un saucisson ne doit pas pouvoir se disloquer, si un homme tire fortement dessus.

En Hollande, on compte qu'un homme peut confectionner 100 mètres linéaires de saucissons par jour.

Lorsqu'on ne peut employer les saucissons en matelas, immédiatement après les avoir confectionnés, il suffit généralement de les mettre dans l'eau, pour maintenir leur flexibilité. On croit en Hollande que la partie essentielle des matelas de fascines est formée des saucissons et que c'est là tout l'élément de sa solidité, c'est-à-dire la fondation de tout l'édifice qu'on se propose d'élever; cependant au lieu de saucissons, on emploie aussi fréquemment des rubans tressés qui se maintiennent plus longtemps flexibles que les saucissons, quand on n'en trouve pas l'emploi immédiat; on tord les échées avec trois ou un plus grand nombre de branches de saule flexibles; on tresse le ruban avec trois échées; les deux opérations doivent se faire à la fois, sauf quoi les échées se détordraient.

On peut aussi, comme on l'a fait au port de Brême, employer au lieu de saucissons de simples fils de fer doux ou d'acier; à Rio Grande do Sul on avait d'abord prévu au lieu de saucissons, pour lesquels M. Bicalho croyait qu'il n'y avait pas dans la province de matériaux convenables, l'emploi de perches d'un petit diamètre, comme cela a eu souvent lieu aux Etats-Unis, et principalement au Mississipi.

Afin de leur donner la plus grande fléxibilité possible,
M. Bicalho proposait de réduire leur diamètre maximum
à 0^m05, et au lieu d'employer des chevilles en bois ou en
fer pour relier deux rangées dans les parties inférieures
et supérieures des plates-formes, il proposait de prendre
des cordes d'amarre en béta, plante qui se rencontre dans
l'Etat de Sainte-Catherine, au Brésil, et dont il a déjà été
fait usage à Rio Grande do Sul, ou bien d'autres cordes de
cipos dont se servent les pêcheurs et qui se conservent
indéfiniment dans l'eau salée; ensuite M. Caland avait
envisagé l'emploi de saucissons analogues à ceux en usage
en Hollande; enfin les ingénieurs brésiliens ont décidé
de se servir comme à Brême de fils de fer ou d'acier
galvanisé d'un diamètre maximum de 0^m006, mais ce
n'est qu'en cours d'exécution des travaux qu'on peut se
rendre compte de ce qui est approprié aux ressources et
aux besoins du pays; il nous paraît cependant probable
que les grillages en fer, quoique galvanisé, n'offriraient
qu'une résistance des plus médiocres à l'eau salée.

4° **Clayonnages ou Tunages.** — Les clayons pour le clayonnage ou tunage sont des branches de 2 mètres à 2^m50
de longueur en bois flexible, chêne, charme, saule, noisetier ou tout autre bois approprié, employé également pour
la confection des saucissons; les clayonnages servent à
maintenir le ballast destiné à l'immersion des plates-formes ou matelas de fascines; les clayons sont tressés autour de piquets qui leur servent d'attache aux matelas;
ces piquets dépassent les matelas de 0^m30 à 0^m40; on les
fiche à 0^m15 de distance l'un de l'autre; sur les côtés des
matelas on fait un clayonnage double; on ne prend pas
pour les clayonnages des bois qui ont au gros bout
plus de 0^m025 à 0^m03 de diamètre; ces clayonnages sont
confectionnés comme des paniers ordinaires en tressant les

bois à la façon des vanniers alternativement autour des pieux qui se suivent ; le gros bout de chaque fascine doit être doublé par le petit bout de la fascine suivante au moins sur une longueur égale à l'écartement de deux piquets, c'est-à-dire que le tunage doit être à grand recouvrement pour empêcher les disjonctions ; pour éviter que le clayonnage ne vienne à s'échapper, on pratique de temps à autre dans les piquets, une petite rainure longitudinale dans laquelle on passe une cheville ou clef en bois ; quelquefois, et ceci surtout lorsque le travail est pressé, on emploie simplement des saucissons de fascines au lieu de tresses pour le clayonnage. Les piquets doivent être d'autant plus fortement plantés dans les matelas que le sol est plus incliné, sans toutefois traverser les matelas, ce qui les ferait briser en touchant le fond et aiderait à la formation de trous par lesquels l'eau pourrait trouver passage et donner lieu à des affouillements.

On donne aux clayonnages des dimensions et dispositions variables selon la grandeur des matelas et le volume des pierres servant à l'immersion ; pour les matelas destinés aur travaux d'amélioration de la barre de Rio Grande do Sul, il a été prescrit de diviser la surface des matelas en petits carrés de dimensions telles, qu'ils permettent aux matelas de prendre une forte inclinaison, sans que le lest servant à immerger les matelas puisse glisser ou tomber.

CONFECTION DES PLATES-FORMES OU MATELAS DE FASCINES

Au moyen des divers éléments indiqués au chapitre précédent on construit les plates-formes ou matelas de fascines ; il faut choisir judicieusement l'emplacement où l'on construit les matelas, en tenant compte de la nécessité d'installer un chantier très voisin du premier, et parallèle à celui-ci, pour y confectionner les saucissons, qu'il est difficile de transporter, vu les grandes longueurs qu'on peut être obligé de leur donner.

On compte généralement qu'on confectionne 1 mètre cube de matelas avec $1^{m3}1$ à $1^{m3}35$ de fascines y compris les saucissons ; dans ce volume les saucissons entrent pour $0^{m3}2$, soit 6 à 7 mètres de longueur de saucisson ; on a besoin par mètre cube de 20 à 25 harts, 3 à 5 piquets, 4 mètres de cordes et 4 à 5 mètres de fil de fer. En général les matelas à échouer sous lest sont formés de plusieurs couches de fascines retenues entre deux grillages ou damiers de saucissons, de rubans tressés, ou de fils de fer ; leur largeur varie de 5 à 50 mètres et leur longueur de 10 à 150 mètres.

Les matelas doivent posséder une flexibilité suffisante pour épouser les ondulations du sol, là où le sol est irrégulier ou bien où des courants sont à craindre : à cet effet les matelas doivent être aussi minces que possible ; d'ailleurs s'ils sont trop épais, ils se brisent sous les charges de pierres. qui doivent les immerger et les fixer ; on construit dans les mers à marée les matelas sur une surface unie découverte à basse mer et couverte à haute mer, permettant ainsi de conduire les matelas dans la suite à l'emplacement voulu ; dans les mers sans marée ou à faible marée on emploie d'autres méthodes ; nous décrirons ci-après deux de ces méthodes qui semblent les plus rationnelles.

Après avoir établi les contours des matelas, on pose d'abord dans le sens longitudinal les longerons du grillage à une distance de $0^{m}90$ l'un de l'autre ; lorsque ces longerons sont des saucissons, on ne pose jamais en premier lieu les traversines dont il va être parlé ci-après, afin d'éviter les infiltrations ; c'est au contraire par dessus les longerons qu'il est nécessaire de les fixer ; elles doivent être faites avec le même matériel que les longerons ; on les espace également de 0ᵐ90 les unes des autres, afin de former un grillage composé de carrés et non pas de rectangles simples ; on place deux saucissons l'un à côté de l'autre aux points où seront placés les amarres de manœuvre des matelas, afin de renforcer la construction et d'avoir des points d'attache solides ; il est bon de laisser dépasser sur les côtés les bouts des saucissons de 0ᵐ25 à 0ᵐ30 ; on réunit les files longitudinales et les files transversales à leurs points d'intersection par un nœud croisé de cordes dites bitard et on plante en ces points des piquets, qui ont pour but de maintenir visibles les cordes avec lesquelles on a relié les croisements de ces files ; ces piquets ont environ 1ᵐ50 de longueur ; quand les fascines arrivent à les dépasser en hauteur, il n'y a aucun inconvénient à les tirer à soi de façon à toujours pouvoir reprendre les bouts des cordes qu'ils ont pour unique but de laisser visibles ; sur le grillage on pose les fascines ou fagots de fascines en couches se croisant alternativement ; les fascines doivent se recouvrir entre elles sur un tiers environ de leur longueur ; on met les plus gros bouts des fascines en dehors ; il arrive donc un moment où l'on est obligé de changer la direction des fascines dans l'intérieur du matelas ; on égalise les vides, soit en posant des fagots transversalement, soit en diminuant les fagots pour répartir les fascines ; c'est sans inconvénient dans l'intérieur du matelas, à condition de ne pas être répété deux fois dans le même profil ; dans les couches inférieures les gros bouts des fagots doivent toujours reposer sur le premier bout du grillage ; enfin, sous la première couche de fascines ou de fagots, on est souvent obligé d'intercaler une rangée de saucissons, afin que les petits bouts ne traversent pas le grillage ; on s'arrange alors de façon à ce que ceci n'ait lieu qu'une fois en retournant immédiatement la direction des fagots ou fascines ; chaque fagot de fascines doit être couvert par les petits bouts de deux fagots de la couche supérieure ; il est avantageux de ne pas enlever les feuilles de la dernière couche de fascines pour retenir plus facilement le sable dans le corps du matelas, à moins qu'on ne préfère, pour les travaux à la mer, par suite de circonstances diverses, avoir le plus rapidement possible les plus grands tassements ; on termine le matelas par un grillage supérieur entièrement semblable au grillage inférieur, en mettant aussi une double rangée de saucissons aux rangées correspondantes à celles du bas où se trouvent les doubles files de saucissons, dont les points de croisement sont liés avec les bitards enroulés autour des piquets dont nous avons parlé plus haut ; ces bitards se trouvent soit à tous les points d'intersection, soit seulement disposés en quinconce, selon l'épaisseur du matelas, la distance de transport ou d'autres causes diverses ; les piquets sont ensuite enlevés, avant de procéder au serrage des matelas ; les ouvriers tournent les bitards autour des piquets ; afin d'exercer un effort plus grand, ils sautent à pieds joints sur le croisement qu'ils veulent lier, et quand ils trouvent que la pression est suffisante, ils procèdent à l'amarrage ; pour manœuvrer le filin ils sont munis d'épissoirs en bois fabriqués avec des bouts de perches ; enfin on pose les clayonnages ; les bitards ont pour des matelas de 0^m75 d'épaisseur, une longueur de 2^m50 à 3 mètres, c'est-à-dire qu'ils doivent être environ 2 mètres plus longs que l'épaisseur des matelas ; on les confectionne en chanvre à deux ou trois fils, quelquefois goudronnés ; on peut aussi employer au lieu de bitards des fils de fer ou d'acier de 3 millimètres de diamètre, principalement quand le grillage est en fil de fer.

M. Croizette Desnoyers explique en détail dans son étude

sur les travaux publics en Hollande, la façon dont M. Caland fabriquait et immergeait les matelas de fascines; d'après M. Croizette Desnoyers les grandes plates-formes de fascines doivent toujours être construites au bord de l'eau et au niveau des eaux moyennes afin de pouvoir flotter avec la marée montante, aussitôt qu'elles sont construites: M. Caland éloignait les saucissons d'un mètre l'un de l'autre; ils étaient composés de cylindres de fascines ayant d'habitude 0^m30 à 0^m45 de circonférence. Chaque couche de saucisson avait donc en moyenne 0^m12 de hauteur, ce qui faisait 0^m24 pour l'ensemble des deux couches inférieures avant leur enchevêtrement l'une dans l'autre; entre les saucissons de la seconde couche on plaçait une première couche de fascines, qui était en conséquence perpendiculaire aux saucissons de la première couche; perpendiculairement à cette première couche de fascines et en conséquence aussi à la seconde couche de saucissons, on disposait une deuxième couche de fascines; perpendiculairement à cette seconde couche de fascines une troisième et ainsi de suite jusqu'à ce qu'on ait atteint l'épaisseur nécessaire pour donner au matelas, après la compression, la hauteur qu'on voulait lui donner; généralement on ne mettait pas plus de trois à quatre couches de fascines; après leur pose, les matelas n'avaient pas plus de 0^m50 de hauteur.

Les matelas ne se maintiennent pas dans les formes géométriques qu'on leur a données; les couches de fascines se compriment et se courbent un peu dans le sens vertical entre les saucissons de la couche inférieure qui pénètrent plus ou moins dans le sol; en aucun cas les plates-formes ne doivent avoir plus de 1 mètre de hauteur, parce qu'alors elles seraient trop rigides et ne s'adapteraient pas au profil du sol.

Lorsqu'on ne peut pas construire les matelas dans une mer à marée, et qu'on est obligé d'en faire le lançage pour

les mettre à flot, comme ce sera vraisemblablement le cas
à Rio Grande do Sul, on remarquera que les points d'intersection du grillage supérieur ne seront pas perpendiculaires au-dessus de ceux du grillage inférieur à cause de
l'inclinaison de la cale de lançage ; mais ceci est insigni-
fiant pour la solidité des matelas, vu que cette inclinaison
ne dépassera jamais un sixième. Dans les mers sans marée
on confectionne souvent en Allemagne les matelas à terre
sur un échafaudage ou trapiche, ayant une inclinaison
d'un sixième à un dixième sur l'horizontale pour faciliter le
lançage des matelas ; ces trapiches se composent d'un échi-
quier rectangulaire de pieux battus en terre et distants les
uns des autres de 2 à 3 mètres dans le sens perpendiculaire
et de 1 mètre 50 à 2 mètres dans le sens longitudinal au
rivage ; sur ces pieux, on dispose d'abord des longrines
auxquelles on donne une section de 0^m13 sur 0^m18 à 0^m20
sur 0^m24, selon les dimensions des matelas à construire ; ces
longrines reposent donc tous les 1 mètre 50 à 2 mètres
sur un pieu ; lorsque le terrain le permet on se passe de
pieux ; les traversines sont posées directement sur les longrines aux points d'appui sur les pieux ; elles sont en conséquence distantes l'une de l'autre de 1 mètre 50 à 2 mètres ;
leurs dimensions sont de 0^m16 sur 0^m18 à 0^m22 sur 0^m26
selon la grandeur des matelas.

Ceci forme le cadre fixe sur lequel on dispose les parties
mobiles ; d'abord on place perpendiculairement aux traver-
versines ou moises des rondins ayant 0^m13 sur 0^m18 de diamètre et espacés l'un de l'autre de 2 à 3 mètres ; ces rondins sont maintenus en place soit au moyen d'amarres,
soit au moyen de coins mobiles et fixés aux traversines par
des boulons ; sur ces rondins on pose des madriers de
0^m05 d'épaisseur distants de 1 mètre 25 à 1 mètre 50 l'un
de l'autre ; on amarre les planches aux derniers pieux ; lorsque les longrines sont posées directement sur le sol, on

fiche des pieux spéciaux en terre pour effectuer cet amarrage ;
quand les matelas n'ont pas de trop grandes dimensions, on
peut remplacer ces pieux par des chevalets de scieurs de
long sous forme de croix de Saint-André ; on donne alors
aux bois des chevalets 0^m13 sur 0^m13 d'équarrissage ; on ren-
force la partie inférieure du tréteau par deux planches et
on pose les longrines sur les intersections des croix de
Saint-André et la partie supérieure du cadre est faite
comme nous l'avons décrit ci-dessus.

De cette façon, on obtient un trapiche complètement
mobile ; ce système ne peut naturellement pas être appliqué lorsqu'on n'a pas suffisamment d'eau près du rivage,
pour procéder au lancement direct des matelas ; dans ce
cas, il faut battre les pieux du trapiche en partie ou même
entièrement dans l'eau.

Les matelas sont retenus sur le trapiche par la fixité des
rondins et des planches : au moment du lançage il faut
couper rapidement toutes les amarres, et en même temps
on abat avec un marteau les coins qui tiennent les rondins ;
ces derniers glissent dans l'eau avec les planches qu'ils sup-
portent sur le plan incliné du trapiche et en même temps
que le matelas ; ils sont seulement retenus dans leur marche
par d'autres amarres suffisamment longues pour qu'on
puisse les retirer de dessous les matelas, à moins que la
force vive d'avancement du matelas ne l'entraîne suffisamment loin du rivage pour dégager les bois lorsque leurs
amarres se sont raidies. Quand les matelas ont une certaine
importance, on place aussi à l'arrière une ou deux amarres
afin de régler leur descente et d'empêcher que les matelas
soient trop violemment entraînés ; quelquefois aussi les
hommes restent sur le matelas afin de pouvoir procéder
immédiatement à un amarrage suffisant.

Si les rives le permettent, on peut aussi construire les
matelas sur l'eau même au moyen d'une espèce de radeau,

aussi près de la rive que possible pour que les matelas flottent, tout en restant toujours reliés au rivage au moyen de planches, sur lesquelles les ouvriers passent pour arrimer les matériaux aux matelas.

On procède alors comme suit: on relie fortement entre eux et à la suite les uns des autres une série de chalands de façon à occuper toute la longueur des matelas ; on place ces chalands parallèlement au rivage ; on les fixe au large au moyen d'ancres et à terre par des amarres ; on relie tous les chalands entre eux du côté de terre au moyen d'une ou de plusieurs poutres ; ces poutres portent des cubillots. On place ensuite entre le rivage et les chalands à une distance d'un mètre à un mètre et demi les unes des autres des poutres de dimensions suffisantes (0^{m}15 de diamètre moyen), dont la longueur dépend des circonstances locales (15 à 25 mètres) ; d'un côté ces poutres reposent à terre et de l'autre côté elles sont fixées aux cubillots de la poutre qui longe les chalands, au moyen d'une corde passant à travers un anneau porté par un collier en fer, dont les poutres sont munies en leur bout.

On a ainsi une plate-forme au niveau de l'eau sur laquelle on construit les matelas; au fur et à mesure de l'avancement de la construction, on peut manœuvrer les chalands au large et on file alors les cordes rattachant les poutres, de manière à laisser toujours le matelas à flot ; les poutres descendent alors dans l'eau au fur et à mesure de la construction; dès que cela devient nécessaire, on place des madriers de débarquement entre le rivage et le matelas en construction, de façon à pouvoir accéder à pied sec au matelas ; quand le matelas est terminé, on hale au large les chalands qui entraînent les poutres et le matelas se trouve ainsi dégagé.

Lorsque la longueur du matelas est faible, on donne

aux poutres l'inclinaison nécessaire pour construire toute la largeur du matelas sans avoir besoin de filer les amarres et on lance ensuite à l'eau tout le matelas absolument comme nous l'avons expliqué ci-dessus pour l'échafaudage fixe.

Un autre procédé, souvent employé en rivière, consiste à construire les matelas à l'avancement même ; il vient d'être employé en grand pour la construction des jetées en mer de Tampico, et nous en avons donné la descripition en parlant de ces jetées, dans la deuxième partie de ces études.

AMARRES ET REMORQUAGE DES MATELAS

Il est très important de bien fixer les amarres de remorquage des matelas au moyen de pieux et de bitards ; souvent on attache les amarres aux matelas à l'aide d'une espèce d'épée à tambour à deux anneaux enfoncée obliquement dans le matelas ; les amarres passent par l'anneau inférieur et sont enroulées autour du tambour ; dans l'anneau supérieur on passe une corde permettant de retirer l'appareil quand le matelas a été échoué ; lorsque le courant est violent, la tenue de ces appareils d'amarrage est consolidée au moyen d'armatures en bois composées de piquets qu'on attache avec des liens d'osier aux saucissons ; autour de chaque point d'amarrage on laisse un couloir libre sans clayonnage pour faciliter aux ouvriers les manœuvres à faire pendant le remorquage et pour le raidissement et les arrimages des amarres.

Tout ce qui sert à l'amarrage doit être exécuté avec le plus grand soin, car si un point d'amarre venait à manquer, le matelas pourrait se perdre ; on dispose généralement les points d'amarre en quinconce, ce qui facilite la manœuvre et conserve mieux le matelas en répartissant les efforts sur toute sa surface ; cette disposition a beaucoup d'importance pour les très grands matelas, où l'on pose jusqu'à 25 et 30 amarres ; les amarres traversent toujours la plus grande largeur des matelas, afin que les hommes aient de la place pour les saisir.

Pour l'amarrage des matelas ou Hoek van Holland on formait de forts points d'attache au moyen de piquets obliques reliés ensemble.

On recommande presque toujours d'employer autant que possible les matelas dès qu'ils sont mis à l'eau, parce qu'en restant longtemps dans l'eau ils enfoncent de plus en plus, quand ils ne sont pas construits avec des matériaux très légers ; le remorquage au lieu d'emploi devient alors très difficile.

Pour remorquer les matelas, on fait bien de les faire prendre par un ou deux chalands ou remorqueurs de chaque côté de leur partie la plus longue ; chaque embarcation saisit alors le matelas par deux amarres au moins ; quand le matelas n'est pas trop large, on dispose une poutre entre deux embarcations qui se font vis-à-vis et l'on y suspend le matelas ; une autre embarcation se trouve souvent à l'arrière et même à l'avant pour maintenir le matelas ; pour les très grands matelas, on peut encore augmenter ces précautions quand les circonstances le permettent.

Le remorquage n'est difficile que pour les matelas de très grande surface ; si par une fausse manœuvre, on vient à amener le matelas en travers du courant, on serait difficilement en état de le maintenir au remorquage ; il entraînerait tout. Il peut aussi arriver qu'un des côtés s'abaisse pour une cause quelconque ; le matelas risque alors de chavirer en route ; la manœuvre d'une surface aussi considérable, ayant si peu de tirant d'eau, est toujours délicate.

ÉCHOUAGE OU IMMERSION DES MATELAS

Lorsque les matelas sont à immerger par de faibles fonds ne dépassant pas 2 ou 3 mètres, et lorsqu'on a à sa disposition des matériaux très flexibles et des ouvriers expérimentés et que le temps est au beau durable, on peut les construire à l'avancement même de la jetée, en laissant toujours flotter la dernière partie d'un matelas qui sert à confectionner le matelas suivant ; les matelas prennent alors naturellement dans la jetée une position oblique, mais le battage des pieux devient assez difficile et la jetée perd de sa régularité.

Pour l'immersion des matelas à une certaine profondeur, il est bon d'attendre le beau temps ; les principales causes d'accidents, qui peuvent arriver pendant l'immersion, proviennent du mauvais temps et du courant ; en effet, quand il fait mauvais temps, il y a du vent et de la mer ; quand d'autre part, comme à Rio Grande do Sul, le fond est en sable très fin et mouvant, les amarres n'ont pas de tenue si le vent survient ; les chalands, qui entourent le matelas et auquel ils sont suspendus par les câbles d'immersion, chassent sur leurs ancres ; ils ne tiennent plus qu'au matelas et risquent de les briser, le nombre et les dimensions des saucissons n'étant pas suffisants pour éviter cet accident ; le matelas s'en va ainsi à la dérive et ne pourra être immergé au point voulu ; il sera totalement ou partiellement perdu.

Si cependant les ancres des chalands et des amarres du matelas tiennent encore par le gros temps, il reste le danger du roulis et du tangage du matelas; même, si des chalands convenablement construits et chargés ne risquent pas de couler ou de chavirer, le matelas court

cependant le risque de tourner, car il est alors impossible
de fixer aux chalands les amarres de suspension du
matelas, parce que, si même dans les mouvements de
roulis et de tangage, les amarres ne parviennent pas à
disloquer des matelas assez solidement construits, les
chalands s'inclinent dans tous les sens possibles au moment de lâcher tout ; on risque alors fort qu'une partie
du matelas reste trop longtemps en l'air, c'est-à-dire soit
en retard sur les autres parties pour l'immersion ; le matelas peut alors encore chavirer ; en effet, le lest tombe
du clayonnage du côté incliné ; le côté qui est libre le premier flotte de nouveau, et le côté chargé continue à s'enfoncer ; le matelas peut alors culbuter en entier ou
s'échouer en dehors du point désigné ou utile, en se
brisant ; le même accident peut arriver quand les courants sont violents ; si l'un des côtés du matelas baisse
plus que l'autre, les courants viennent le saisir et peuvent le faire chavirer ; il faut donc étudier le mode de
chargement du matelas avec le soin le plus extrême, et
contrebalancer les effets qui peuvent quelquefois se produire en donnant au matelas une forme plus ou moins
convexe. On compte que pour l'immersion de matelas de
dimension moyenne, il faut avoir à sa disposition au
moins un homme par dix mètres carrés de matelas.

Après que le matelas est bien mis en position au lieu
d'emploi, on le charge aussitôt que possible de lest
qu'on dispose d'abord uniformément sur les bords avec
le nombre de chalands nécessaires ; le matelas s'incline
ainsi en bas par ses bouts ; dès que la partie supérieure
des côtés est dans l'eau, on le charge graduellement en son
milieu, et on lâche les amarres lorsque l'eau commence
à couvrir le milieu ; on jette ensuite le plus rapidement
possible le surplus des pierres nécessaires pour charger
le matelas, afin que sa position ne soit pas déplacée par

l'influence des courants ou par toute autre cause. Il est très important d'attendre pour immerger les matelas, l'étale de la marée basse, et en tout cas le moment où le courant est le moins fort.

Les matelas doivent être posés le plus près possible les uns des autres, afin que le courant ne puisse occasionner de dégradations pendant la construction en passant entre les matelas ; les joints d'une couche de matelas doivent être recouverts par les matelas de la couche immédiatement supérieure.

FOISONNEMENT DES MATELAS

Le foisonnement des matelas peut représenter cinquante pour cent de leur volume primitif, c'est-à-dire qu'un matelas mis en place n'a plus après sa surcharge et son tassement que la moitié de la hauteur qu'il avait sur chantier : lorsqu'un matelas, ayant d'abord un mètre de hauteur, est chargé de 450 à 500 kilos de pierres par hauteur de matelas, on compte que la hauteur de l'ensemble n'est plus que les sept huitièmes de la hauteur primitive; au Polder d'Anna Friso en Hollande, où les matelas immergés dans de grands fonds de 20 à 30 mètres sont chargés de 1,000 kilos de pierres par mètre carré, pour une épaisseur de 0^m75 du matelas, la hauteur totale atteint à peine la hauteur primitive du matelas.

Ces chiffres ne sont cependant qu'une simple indication, car cela dépend beaucoup de l'emploi ou de la qualité des saucissons ou d'autre matériel de grillage, de la qualité et de la grosseur des pierres, et enfin de la façon dont on a pu confectionner les matelas, façon qui est toujours fonction des qualités de bois employés et de leur mode d'emploi ; c'est ainsi que, lorsqu'on laisse aux fascines leurs branches et leurs feuillages, pour retenir le sable dans les matelas immergés en terrain sablonneux, et lorsqu'on ne pose pas trop rapidement la surcharge de lest de façon à laisser au sable le temps de se prendre dans les matelas, on n'observe plus guère qu'un tassement de 10 à 20 pour cent environ.

DIMENSIONS DES MATELAS

On ne confectionne pas de matelas de plus de 2,000 mètres carrés de surface, vu la difficulté de transporter de plus grandes masses ; un matelas de 2,000 mètres carrés correspond déjà au remorquage d'un navire de 1,000 à 1,500 tonnes, et ceci sans avoir les formes nautiques d'un navire.

Aux travaux de la barre de Rio Grande do Sul, les dimensions des matelas sont prévues devoir varier comme suit :

En largeur 2^m 50 à 50 mètres.

En épaisseur 0^m 20 à 0^m 80 après la compression.

En longueur 10 mètres à 50 mètres.

On n'emploiera des matelas de 1,000 à 1,500 mètres de surface, que dans des cas exceptionnels et par suite de circonstances spéciales ; le lest moyen par mètre cube de matelas est de 700 kilos ; la pierre à employer est du granit ou ses dérivés, syénite, gneiss, feldspath, quartz, micachiste, etc. Le poids spécifique de ces pierres est de 2,250 à 2,500.

PETIT OUTILLAGE POUR LA CONFECTION DES MATELAS

Pour la confection des matelas de fascines on a besoin du petit outillage suivant :

1° Hachettes pour travailler les bois des piquets ;

2° Cognées à tranchant courbe pour couper les saucissons ;

3° Couteaux-sabre pour couper les fascines ;

4° Maillets pour enfoncer les piquets ; les têtes de maillets sont de préférence en bois de bouleau ; leurs dimensions sont de 0^m15 à 0^m20 en largeur et de 0^m30 à 0^m40 en longueur ; on entoure les maillets d'un cercle en fer pour les empêcher de se fendre. Le manche a 0^m60 à 0^m70 de longueur ;

5° Pinces pour tordre les fils de fer ;

6° Ciseaux pour couper les fils de fer.

POURRITURE DES BOIS

Un des graves inconvénients des jetées en fascinages, dans lesquelles on doit aussi généralement employer des pieux, est la pourriture sèche et humide des bois.

La pourriture sèche est produite dans les parties à l'air libre par l'humidité saline de la mer à laquelle le bois est exposé ; cette humidité aggrave l'action du soleil ; le moyen le plus efficace à employer contre l'humidité est le créosotage ou goudronnage ; mais le goudronnage n'est efficace que quand le bois est soit à sec, soit alternativement à sec et dans l'eau, et en asséchant alors un temps suffisant pour permettre au goudron de faire prise. Il est cependant souvent difficile ou impossible d'injecter ou de créosoter des bois durs, principalement ceux du Brésil, car le produit injecté ne pénétrerait que dans l'aubier, dont on cherche justement à débarrasser complètement le bois.

D'autre part, il est utile de couvrir d'un chapeau en fonte ou en tôle les bois fichés verticalement dans le sol afin de les préserver de la pénétration de l'eau de mer et de pluie par les fibres verticales, ce qui occasionne leur pourriture graduelle par le haut.

La pourriture humide est produite par les différentes espèces de vers (animaux marins sylophages) dénommés termites, petits vers et tarets ; on ne semble pas les avoir observés à Rio Grande do Sul ; ils sont d'ailleurs beaucoup moins à craindre dans les eaux saumâtres que dans l'eau de mer et ils s'attaquent peu ou presque pas aux bois durs du Brésil ; en Europe on emploie souvent le Green-Hart d'Amérique, qui paraît tout à fait inattaquable par le taret, mais légèrement attaquable par le petit ver *(limnoria terebrans)* ; on sait que le petit ver n'attaque le bois qu'à sa surface, tandis que le termite ne le détruit qu'à l'intérieur ; tous deux ne l'attaquent d'ailleurs que dans les parties exposées à l'air ; on peut combattre ces deux espèces de vers par le mailletage, en employant des clous à maugère dont la tête a un diamètre égal à leur longueur (15 millimètres).

Il résulte de ce qui précède, qu'il ne semble pas y avoir trop de dangers à employer surtout les bois durs sur une large échelle pour les jetées destinées aux travaux d'amélioration de la barre de Rio Grande do Sul.

CONSIDÉRATIONS GÉNÉRALES SUR L'EMPLOI DES JETÉES

EN FASCINAGES

Autrefois, sur les plages de sable, on construisait presque toujours des jetées en fascinages, surtout dans les Pays-Bas et dans les provinces de la Belgique ; ce mode d'exécution a été abandonné dans beaucoup de pays, mais il est encore d'un usage fréquent en Amérique, en Allemagne et en Hollande quoiqu'il y ait beaucoup d'ingénieurs qui sont actuellement tout à fait opposés à ce système de constructions : il paraîtrait que les parties supérieures de ces jetées sont fréquemment détruites par les pourritures sèches, et que dès lors il faut au moins compter sur le rechargement du volume des jetées correspondant à cette hauteur ; à Rio Grande do Sul, on n'avait pas prévu de fascinages dans les parties hors de l'eau, et dans les modifications toutes récentes du projet, on en a même considérablement réduit l'importance.

Là, où il n'y a pas d'eau douce et d'eau saumâtre qui viennent baigner les jetées, les parties de fascinages immergées sont détruites par les vers marins, quoique M. Bicalho soit d'avis que l'action destructive, au moins du teredo navalis, ne soit pas à craindre sur les fascinages enterrés.

Les ingénieurs qui sont opposés à l'exécution des jetées en fascinages donnent comme principal argument que les réparations et les rechargements exigés par ces jetées viennent compenser bien au delà les économies faites sur les dépenses de premier établissement ; ce calcul ne nous emble, en tous cas, pas exact, si l'on tient compte des intérêts accumulés sur les dépenses faites ; mais il est vrai que les Etats ne comptent jamais sur les dépenses d'arrérages ; s'ils adoptaient, au contraire, la manière rationnelle et commerciale de compter, bien des erreurs ne seraient pas commises ; d'autre part, d'après les renseignements que nous a fournis M. François, ingénieur attaché aux travaux d'entretien des jetées en fascinages au Hoek van Holland, l'avis de M. Laroche sur l'élévation des frais d'entretien, ne se confirmerait pas pour ces jetées. En tous cas, là où il y a des fonds de sable ténus et mobiles, il est certain que de grands matelas de fascinages, posés tout au moins en première couche sur ces fonds, même sans autre consolidation au moyen de pieux, donnent aux enrochements successifs une base solide, non affouillable et difficile à constituer autrement.

M. Laroche estime cependant que, quand les branches, piquets, liens, etc., sont abondants et à bon marché sur les lieux et quand on a sous la main un personnel nombreux d'ouvriers exercés à ce genre de travail, et enfin quand on n'a pas à redouter les ravages des tarets soit par l'afflux d'eaux douces ou saumâtres, soit par suite d'une suspension de grandes quantités de vases dans l'eau de mer, l'emploi des fascinages paraît justifié, ne fût-ce que comme moyen d'arriver vite et économiquement à un premier résultat qu'on améliorera dans la suite ; le fascinage a l'avantage d'être flexible et il s'applique facilement aux inégalités du sol, qui n'exige ainsi aucun dressement préalable.

S'il se produit des affouillements sous les jetées, comme cela tend à se produire notamment le long des rives du chenal, les matelas de fascinages s'enfoncent, suivent les tassements du sable, comblent les affouillements et s'inclinent vers le chenal dont ils protègent les bords ; ceci exige naturellement que les matelas soient très solidement construits, tout en étant aussi flexibles que possible :

Une digue en fascinage est composée de couches alternatives de matelas de fascines et d'enrochements; le tout est fixé ensemble et retenu par des pieux ; sur le sommet est posée une voie de service servant au rechargement des digues.

Les plus gros enrochements doivent se trouver à la crête et au dehors ; c'est sur eux que la lame amortit ses chocs, et elle devient ainsi impuissante à déplacer les matériaux plus petits qui se trouvent à l'intérieur. Les courants amènent, par les interstices, des sables qui se fixent dans les feuillages et les branchages, pour constituer un ensemble qui se comprime au fur et à mesure des tassements produits par les diverses causes agissant sur cette nature d'ouvrages.

Les matelas de fascines ont aussi l'avantage, lorsqu'on doit exécuter sur les jetées une voie reposant sur des pieux, d'empêcher les affouillements aux pieds des pieux ; ceux-ci constituent, en effet, un obstacle suffisant pour déterminer un ressac sensible, qui affouille le sable et le creuse en façon d'entonnoir autour de chaque pieu. Les courants emportent ce sable, et le volume de la jetée à exécuter augmente en proportion de ces affouillements.

Un grave inconvénient des jetées en empierrement ou à talus doux comme les jetées en fascinages recouvertes d'empierrements, établies le long d'un chenal débouchant sur une plage de sable, c'est que leurs fondations forment de véritables écueils sous-marins aux musoirs, là, où les navires sont obligés de passer souvent très près des musoirs au vent, afin d'attaquer l'entrée du chenal dans une direction convenable ; à ce point de vue les jetées en maçonnerie sont infiniment préférables, mais on ne peut les employer sur les plages affouillables qu'avec une extrême difficulté, et au prix de sacrifices d'argent souvent trop importants en comparaison des ressources dont on dispose.

Un avantage par contre des jetées en fascinage ou du moins avec matelas de fascines à leur base est, qu'on se prémunit contre l'aléa d'enfoncement des enrochements dans un fond meuble ou affouillable ; on peut aussi calculer plus facilement les réductions que les tassements font subir aux vides entre les pierres ; ces vides ne sont dans certains cas que de 20 °/₀ au lieu de 30 °/₀ ou plus, qu'on compte d'habitude.

CONSOLIDATION DES JETÉES EN FASCINAGES

Certains ingénieurs sont d'avis que les jetées en fascinage n'échappent pas à la règle générale qui consiste à consolider les talus extérieurs par de gros blocs ; en effet, les enrochements extérieurs des jetées en pente douce seraient constamment bouleversés par les lames ; les pierres rencontrent les talus en s'émoussant, puis retombent dans le fond ; elles sont aussi souvent poussées vers le musoir et y obstruent l'entrée ; d'autres pierres, qui se sont usées, arrondies, et ont ainsi diminué de volume, finissent par être projetées par dessus les jetées par les lames directes.

Les talus, quel que soit leur inclinaison, ne seraient, d'après l'avis de ces ingénieurs, jamais en équilibre stable ; on a donc reconnu la nécessité de défendre les talus extérieurs.

M. Caland et les ingénieurs de son école ne semblent pas partager cet avis relatif à la défense des jetées.

Au Hoek van Holland, on a retenu les pierres par le fichage de petits pieux qui servent de coins pour empêcher leur déplacement. Pour les jetées de Rio Grande do Sul, conçues tout d'abord d'après les principes de M. Caland, on a cru ensuite qu'on pouvait faire abstraction de ces petits pieux, en rendant le cadre plus solide et en n'augmentant que fort peu les dimensions des blocs de protection ; ce sont là des dispositions qui semblent devoir être modifiées, si l'on ne veut pas subir de mécomptes graves.

Les plus petits blocs sont placés à l'intérieur et au pied des talus ; on réserve les plus gros blocs pour les crêtes ; plus les blocs sont petits, plus l'inclinaison des jetées doit être grande ; lorsque les blocs sont assez gros pour que la mer ne les remue plus sensiblement, il semble qu'une inclinaison de 1 sur 1 est suffisante dans la plupart des cas ; cependant, comme les blocs, lorsqu'on les lance à la mer, ne prennent pas toujours le profil qui leur est assigné par les plans, comme il se produit toujours des tassements, et comme surtout on peut rarement arriver à protéger suffisamment pendant la belle saison les parties déjà exécutées contre les intempéries et les tempêtes de la mauvaise saison, il est rare qu'on s'arrête à ce profil, et d'habitude on donne au profil 2 de base pour 1 de hauteur.

D'après M. Laroche, il est d'ailleurs impossible de fixer *a priori* l'inclinaison des talus, quand ils ne sont pas protégés par de gros blocs artificiels ; s'il est possible de comparer la jetée qu'on projette à des jetées semblables déjà exécutées sur la même plage, on aura un point d'attache suffisant ; toutefois, il faut tenir compte des différences qui peuvent exister entre elles au point de vue de la nature, de la densité et de la grosseur des matériaux, de la puissance des lames, du degré d'obliquité plus ou moins grand suivant laquelle elles frappent l'ouvrage, de la nature du fond sous-marin, des vents régnants et des tempêtes, des courants, etc., etc.; des observations incessantes en cours d'exécution peuvent seules amener à reconnaître les meilleures dispositions à adopter; comme il est difficile de prévoir d'avance la grosseur des blocs à employer, il est prudent de ménager une certaine largeur de la risberme au pied du talus supérieur, quand de gros enrochements viennent reposer sur des matériaux plus petits.

Rappelons encore ici que les principes généraux sur lesquels repose la construction des jetées mixtes en fascinages ou poutrelles et enrochements sont :

a). Répartition du poids total de la jetée sur une grande largeur; c'est là une condition très avantageuse pour l'exécution des jetées sur des fonds de sables mouvants parce que le fond est ainsi peu chargé.

b). Grande élasticité de ces jetées permettant de résister aux violentes tempêtes sans être démolies, même en employant des matériaux d'un volume relativement faible.

Le poids des jetées en clayonnage et enrochements est le plus petit possible; le poids moyen de ce genre de construction est égal ou peu supérieur au poids du sable sur lequel les jetées reposent; c'est là un point que beaucoup d'ingénieurs tendent trop à négliger lorsqu'ils proposent le remplacement de jetées en fascinages par des jetées de pierres perdues ou de maçonneries relativement beaucoup plus lourdes.

M. Honoré Bicalho compare les jetées en fascinages, au point de vue de leur charge sur le fond, à des bancs de sable fixes; les bancs de sable sous-marins ne se meuvent jamais sous l'action des diverses forces qui les font cheminer en grandes masses, mais seulement par petites fractions à la fois, comme les dunes sous l'action des vents; si l'on couvre de fascines et d'enrochements ces jetées considérées comme des bancs de sable, il est certain que leur mouvement n'aura plus lieu si facilement ; il a été démontré par les travaux de la Meuse et du Mississipi que les tempêtes sont sans grande action sur ces masses de fascines et d'enrochements, dont le poids spécifique est relativement faible et qui sont légèrement fixées dans le terrain au moyen de pieux ; et si certaines parties de ces jetées ont été démolies, il y a lieu d'en attribuer la cause plutôt au manque de soins qu'on a pu apporter à la construction ou à l'entretien qu'au principe même de la construction.

Au Mississipi, on a jugé prudent, après l'exécution des jetées, de les défendre par de gros blocs en béton ; il est probable qu'il ne faut pas en rechercher le motif dans l'action que les tempêtes auraient exercée sur les jetées considérées dans leur ensemble, mais dans le fait que les enrochements des parties supérieures des talus et des crêtes n'étaient pas assez régulièrement posés et n'étaient pas retenus par des pieux de petites dimensions, comme nous avons vu dans un autre chapitre en décrivant cet ouvrage.

M. Bicalho a été d'avis que le faible prix de revient des travaux en fascinages et en enrochements compense au delà l'objection qui pourrait être faite sur la durée des fascinages, et que l'économie, dans l'intérêt de l'argent dépensé à l'origine, est bien supérieure aux frais de réparation et d'entretien.

D'autres ingénieurs, qui ont acquis une grande expérience dans les travaux à la mer, ne partagent pas cet avis.

La vérité nous semble être que tout dépend des circonstances locales, et qu'une étude approfondie de chaque cas particulier peut seule faire trouver la meilleure solution, et ceci encore après bien des tâtonnements et des hésitations.

Une jetée exécutée en fascinages, pierres et pieux n'est jamais un travail entièrement achevé; au contraire, la mer en démolit continuellement quelque partie; elle soulève des blocs de pierre; elle les rejette sur un pieu qui se brise et qu'il faut remplacer; elle déplace le dallage supérieur; un pieu se pourrit; un nouveau tassement se produit, etc., etc.; en un mot, une telle jetée exige un entretien continuel, mais souvent plus minutieux que coûteux; on peut même dire que plus l'entretien est minutieux, moins il est coûteux; le moindre dégât produit dans une des parties, par un coup de mer, dégât qu'il est alors toujours facile de réparer, se décuple ou se centuple par un prochain coup de mer si l'on n'y a porté remède en temps opportun; l'outillage doit toujours se trouver sur place pour faire les réparations nécessaires, et, à cet effet, il faut surmonter les digues d'une voie de transport destinée à faciliter ces réparations.

D'autre part, il se produit un tassement continuel des jetées ou du moins il ne s'arrête qu'au bout d'une longue série d'années; il faut donc recharger les jetées ou même procéder à des relèvements généraux de la voie, à moins qu'on n'ait construit la voie sur un couronnement supérieur en charpente; mais, pour être solide, un tel échafaudage exige une dépense si considérable qu'il vaut mieux exécuter les voies sur les jetées mêmes.

Nous donnons ci-après la descriptions des travaux en fascinages ou en bois les plus importants exécutés pour des jetées maritimes; cette description complète celle que nous avons donnée dans la deuxième partie de ces études sur leur rôle dans l'amélioration des entrées de ports et des embouchures de rivières.

JETÉES DU MISSISSIPI (ÉTATS-UNIS)

La jetée de l'est du Mississipi a environ 3,600 mètres de longueur et elle atteint des fonds de près de 10^{m}75.

La jetée est exécutée au moyen de deux rangées de pieux équarris de 0^{m}22 à 0^{m}36 de côté; les distances entre ces pieux sont les suivantes :

2^{m}45	depuis l'origine jusqu'au piquet	1,915	mètres.		
4^{m}90	—	le piquet 1,915^m	—	2,425	—
6^{m}10	—	—	2,425^m	—	3,570	—
3^{m}05	—	—	3,570^m	—	3,640	—

Parallèlement à cette ligne de pieux et à une distance de 3^{m}05 se trouve, sur une longueur de 1,525 mètres, une deuxième ligne de pieux reliés entre eux par des palplanches et éloignés les uns des autres de 2^{m}45.

La jetée de l'ouest, dont l'enracinement n'est qu'à 1,225 mètres de celui de la première jetée, a une longueur de 2,400 mètres; elle est reliée à la rive par un épi de 152^{m}50 de longueur, également exécuté avec des fascines, des pieux et des enrochements.

Les jetées sont établies sur une longueur de 600 mètres par des fonds qui n'atteignent pas 3 mètres.

Les pieux ont de 7^{m}50 à 20 mètres de longueur et sont fichés en terre de 3^{m}65 à 7^{m}60. Le terrain, étant peu résistant près de la barre, les pieux s'y enfoncent encore de 30 centimètres sous le choc d'un bélier de 15,000 kilos tombant de 1 mètre de hauteur, après être déjà fichés en terre de plus de 7 mètres.

On a posé les matelas de fascines du côté intérieur des pieux par rapport à la mer: à fleur d'eau, la largeur des matclas était de 6^{m}75 à 15^{m}60; leur longueur variait de 23 à 30 mètres; leur hauteur était de 0^{m}60 à 1^{m}80; chaque matelas a 1^{m}50 de largeur de moins que celui sur lequel il repose; les matelas ont été immergés en les chargeant de sable et d'argile; près des musoirs, on les a échoués en les chargeant de pierres calcaires dont la grosseur allait en augmentant au fur et à mesure où l'on s'approchait plus des grands fonds; l'épaisseur totale de chaque couch était limitée à 0^{m}90 après la compression.

Sur les premiers 1,250 mètres de la jetée de l'est, on a posé en outre, du côté de la mer et en dehors des pieux, une couche de matelas de fascines.

Les talus du côté de la mer sont verticaux; du côté du chenal, ils ont en général 2 de base pour 1 de hauteur; mais sur les derniers 183 mètres, les jetées ont, des deux côtés, des talus de 2 sur 1; le sol étant composé de vases compressibles et de sables mouvants, les matelas s'enfonçaient jusqu'à 1 mètre dans le sol; la dénivellation moyenne atteignait 0^{m}45.

Les jetées sont protégées à l'intérieur du chenal, contre les érosions, par des épis de 60 mètres de longueur, verticaux aux jetées, construits avec des rangées de pieux et un matelas de fascines au milieu des pieux. Les matelas étaient confectionnés soit au moyen de joncs ou d'osiers qui poussaient sur les bords de la rivière, soit au moyen de bois flexibles dont les pointes avaient au moins 1 1/4 à 5 millimètres de diamètre; on fait maintenant les matelas avec des branches de saules fortement comprimées entre deux filets de tiges de saules de 0^{m}075 à 0^{m}125 de diamètre, formant des mailles de 1^{m}50 à 2^{m}10 de côté, et liées au moyen de harts composées de trois fils télégraphiques tordus ensemble.

Les matelas étaient construits sur les bords du fleuve au moyen d'estacades d'environ 200 mètres de longueur;

sur les estacades on posait, à une distance de 1ᵐ10 les unes
des autres et sur toute la longueur des matelas, des poutrelles en voliges de pin de 0ᵐ15 sur 0ᵐ075, de façon à former un cadre ; tous les 1ᵐ50, on fichait des pieux de 0ᵐ75
à 0ᵐ90 de longueur dont l'une des deux pointes pénétrait
dans des trous ménagés dans les poutrelles ; c'est entre
ces pieux qu'on posait les joncs ou branches de saule ; la
première et la dernière couche étaient seules régulières ; les
couches de joncs sont alternivement perpendiculaires et
parallèles aux poutrelles. Les cadres supérieurs des
matelas sont également composés de poutrelles de 0ᵐ15
sur 0ᵐ04, perpendiculaires à celles de la couche inférieure
et venant s'ajuster dans la seconde pointe des pieux ; le
tout était fortement comprimé.

Les grands matelas étaient renforcés dans le haut par
des poutrelles parallèles à celles du bas ; ces poutrelles
étaient alors fortement serrées ensemble au moyen de
tirants en fer.

On remorquait ensuite les matelas au lieu d'emploi.
Les extrémités des jetées, où la largeur des fondations
atteint 30 à 35 mètres, sont renforcées par d'autres matelas
de fascines de 0ᵐ60 d'épaisseur, surchargés par des matelas formés de pieux et de pierres (Cribworks) ; ces pieux,
en bois de palmier, sont inclinés. Les pierres de remplissage pèsent environ une tonne.

La digue de l'est, sur 1,159 mètres, et celle de l'ouest,
sur 752 mètres, ont été consolidées et leurs surfaces supérieures protégées contre l'action des vagues par des blocs
de béton construits sur place, de 6ᵐ10 × 3ᵐ90 × 1ᵐ72,
pesant environ 75 tonnes ; à l'extrémité de la jetée de l'est,
la plus exposée, on donnait même aux blocs artificiels un
poids de plus de 200 tonnes ; ces blocs de béton reposent
au niveau des hautes mers sur du gros gravier ; sur ces
blocs de béton on a construit, dans la suite, un mur en

béton dont la longueur a été portée à 1,600 mètres sur la jetée de l'est, qui couvre l'autre jetée contre l'attaque des plus fortes vagues ; les talus sont grossièrement empierrés. Les pierres étaient extraites en partie des carrières de Roseclair sur l'Ohio, soit d'une distance de 2,100 kilomètres de l'embouchure du Mississipi et en partie de carrières situées à 300 kilomètres en amont sur le fleuve ; leur poids spécifique est de 2 k. 075 environ.

Les saules étaient coupés à 40 mètres de distance sur des terrains d'alluvions formés par le fleuve dans les baies adjacentes. A peine les matelas étaient-ils immergés, que la rivière les enveloppa de ses sédiments en formant des atterrissements étendus vers le large et protégeant les ouvrages contre l'action des vagues du golfe, tout en les rendant imperméables aux eaux du fleuve.

Les travaux ont été traités à forfait, sans série de prix unitaire pour le règlement d'acomptes ; le paiement a été fait dans sa totalité après l'achèvement des travaux.

Pendant l'exécution des travaux, les jetées ont subi souvent des avaries, surtout à l'avancement ; mais ces avaries ont toujours été peu importantes.

JETÉES DE TAMPICO (MEXIQUE) (*)

Les travaux des jetées du port de Tampico, dans le golfe du Mexique, sont actuellement en voie d'exécution. On établit deux jetées distantes de 300 mètres ; leur longueur est de 2,500 mètres chacune ; plus de la moitié des

---

(*) Le port de Tampico est destiné à devenir l'un des plus importants du golfe du Mexique, parce qu'il relie directement à la mer le grand réseau du chemin de fer central mexicain.

fondations et une grande partie de l'élévation sont déjà exécutées. Au lieu de construire les matelas sur la rive, on se sert d'un pont de service en échafaudage qui suit l'avancement des travaux, parce qu'on a ainsi l'avantage considérable de disposer d'un chemin de fer pour l'approvisionnement des matériaux jusqu'à pied d'œuvre ; le sommet de l'échafaudage est à 3 mètres au-dessus de l'eau ; il est composé de pieux, écartés de 5 mètres l'un de l'autre, et reliés entre eux par des longrines et des moises ; tous les bois de cet échafaudage viennent des Etats-Unis. Les pieux sont enfoncés au moyen de moutons placés en porte à faux à l'extrémité des ouvrages au fur et à mesure de l'avancement. Sur cet échafaudage, on a placé une ligne à deux voies pour la circulation des locomotives et des wagons destinés à apporter les matériaux ; on dispose d'une carrière dans le voisinage.

Les fondations des jetées et leur élévation jusqu'à la surface de l'eau sont composées en général de matelas de 6^{m}50 carrés et de 1^{m}20 de hauteur, faits avec des saucissons de fascines de 3 à 5 mètres de longueur et de 0^{m}30 d'épaisseur maxima ; mais au fur et à mesure où les jetées avancèrent vers le large, il devint nécessaire de placer des matelas de plus en plus grands à leur base ; à l'extrémité en mer on place souvent des matelas de 25 mètres de largeur et de plus de 1^{m}50 d'épaisseur ; le pont de service fut élargi en conséquence ; les pieux du pont jouent un rôle important en maintenant les matelas en place ; de leur côté ceux-ci donnent de la rigidité au pont. La grandeur des matelas diminue graduellement jusqu'en haut. Ces matelas de fascines sont échoués au moyen d'une couche de pierres, au fur et à mesure de leur mise en place ; les matelas sont suspendus par des cordages et, après achèvement, immergés en les chargeant avec des pierres amenées presque exclusivement par des wagonnets plats circulant sur les deux voies du pont au-dessus du matelas ; les jetées consistent donc en couches alternatives de matelas et de pierres ; sur 600 mètres de la jetée nord de Tampico, qui sont achevés et qui ont parfaitement résisté aux grandes tempêtes du nord on a procédé de la façon suivante pour la pose des enrochements de défense : trois grues à vapeur, circulant sur les voies du pont de service, déposent les roches soigneusement à leur place et leur donnent une légère pente du côté de la mer ; au centre le couronnement est à environ 1^{m}20 au-dessus du niveau moyen des hautes mers et à ce niveau la base du couronnement présente une largeur de 6 à 7 mètres. Le volume d'un bloc de pierre varie d'un demi-mètre à 3 mètres cubes ; ces pierres sont posées avec des faces aussi lisses que le permet leur nature et tous les interstices sont remplis soigneusement de petites pierres, de manière à ne laisser aucun espace libre ; lorsque ces jetées ont suffisamment tassé, on les surmonte d'un mur en béton. Quoique l'hivernage dernier ait été particulièrement dur, les travaux exécutés jusqu'à ce jour ont bien tenu, et il s'est produit relativement peu de dégâts ; ils ont été d'ailleurs immédiatement réparés. Lorsque les travaux seront achevés, on croit qu'il y aura 12 mètres d'eau ; les travaux marchent très rapidement et le tout doit être prochainement achevé (*).

JETÉES DE LA MEUSE (HOLLANDE)

Nous avons déjà vu que dans la mer du Nord, au Hoek van Holland, à l'embouchure du nouveau canal de la Meuse,

---

(*) Renseignements datant du commencement de 1892.

l'ingénieur hollandais Caland a employé, sur une grande échelle, les matelas de fascinages recouverts d'enrochements en couches alternativement superposées les unes aux autres ; M. Bicalho croit que c'est là que ces constructions ont été employées pour la première fois en grand dans les temps modernes sur des travaux directement exposés à la mer ; les matelas avaient 25 à 50 mètres de longueur et 15 à 20 mètres de largeur et exceptionnellement seulement on a employé des matelas de 2,200 mètres carrés de superficie ; le poids d'enrochements qui était nécessaire pour des matelas de 0^m50 d'épaisseur était de 350 kilogrammes par mètre carré ; le corps de la jetée nord est établi avec un talus à 45° vers la mer, et à 1^m25 sur 1 mètre du côté de l'entrée ; des enrochements recouvrent ces talus. Lorsque le matelas était complètement immergé, on le surchargeait encore de pierres afin de régulariser sa surface et de garantir autant que possible sa stabilité contre l'action des vagues et des courants inférieurs qui peuvent affouiller le terrain. Les remorqueurs ou les barques à rames au moyen desquelles se faisait le remorquage, amenaient au lieu d'emploi le ballast nécessaire pour couler ou immerger les matelas ; ce ballast devait être répandu très régulièrement sur toute la surface des matelas, afin que l'immersion ait elle-même lieu très régulièrement ; l'opération était toujours très délicate quand on avait à immerger de grands matelas et devait être faite par eau tranquille et avec un personnel expérimenté. Les travaux ont été exécutés à l'avancement ; on mettait d'abord les matelas en place et on les chargeait de pierres ; puis deux ou trois grues à sonnettes, posées à la suite les unes des autres et montées sur une voie, battaient les pieux en chêne ; la première grue battait d'abord les pieux destinés à soutenir la voie qu'on posait ensuite ; la volée des grues était suffisante pour rayonner sur toute la largeur des jetées ; ces

grues-sonnettes servaient de sonnettes pour battre les
pieux comme de grues pour soulever les pieux et les gros
blocs ; la sonnette se rabattait alors sous la volée de la
grue; presque toutes les parties de ces grues-sonnettes,
même les tables de roulement, étaient en bois de chêne,
ce qui paraissait préférable pour les travaux à la mer.

Les enrochements des talus étaient amenés par chalands
le long des jetées comme les pierres qui servaient à l'immersion des matelas; il a paru en effet très difficile et
encombrant de faire ces transports par les jetées mêmes,
quand ils atteignaient quelque importance ; les digues ne
devaient servir que pour le battage des pieux et les
manœuvres du matériel d'exécution. Les plus gros blocs
de protection des digues ne dépassaient pas 1,500 kilos;
tous les blocs supérieurs et les dallages étaient retenus par
des rangées de grands et de petits pieux.

JETÉES DE SWINEMUNDE (ALLEMAGNE)

Les jetées de Swinemünde ont été aussi construites en
couches alternatives de plates-formes de fascinages et d'enrochements : la construction de ces jetées a été commencée
en 1819 et terminée en 1829; en 50 ans l'ensemble du
profil a baissé d'environ 1 mètre par la compression des couches de matelas, le couronnement ayant d'ailleurs baissé
un peu plus. La largeur des jetées au niveau de l'eau est
d'environ 20 mètres; la largeur du couronnement est de
11^m 30; les talus ont de 2 à 3 de base pour 1 de hauteur
à l'intérieur du chenal et de 3 à 4, ou même, près des
musoirs, de 5 à 8 de base pour 1 de hauteur à l'extérieur.
Les plates-formes en fascinages ont les dimensions maxima
de 25 mètres en longueur, 17 mètres en largeur et 1^m 25 en

épaisseur ; pour éviter que les navires ne se jettent sur les talus, des traverses faisant corps avec la jetée, construites comme elle et terminées du côté du chenal par un masque en charpente, ont été établies à 190 mètres de distance les unes des autres ; le couronnement et la partie supérieure des talus ont été pavés ou revêtus de gros blocs de granit.

Les avaries fréquentes du pavage ont nécessité des réparations constantes pour maintenir les jetées en hauteur ; la section transversale d'origine s'est considérablement modifiée par la formation d'une berme, au moyen des blocs que les vagues ont charriés en masse du talus extérieur par dessus le couronnement vers l'intérieur.

Déjà, en 1836, sept années après son achèvement, la jetée de l'est a été très endommagée par un violent coup de vent de nord-est ; les quantités de pavés et de blocs enlevés étaient telles que des matelas étaient entièrement mis à découvert ; avant que les dégâts ne fussent entièrement réparés, un autre coup de vent du nord-est a causé des dégâts encore plus considérables, les vagues ayant meilleure prise. On a alors essayé d'obtenir une plus grande stabilité en reliant les rangées de pavés au moyen de cadres en fer ou en bois ; cet essai n'a pas réussi ; les moindres mouvements détruisaient les liaisons ; des blocs de granit de 4 tonnes, et des blocs artificiels de 6 tonnes étaient précipités par-dessus le couronnement par les vagues soulevées dans les forts coups de vent de nord-est. On s'est alors décidé à paver les talus des jetées au moyen de pierres de taille, en donnant aux talus l'inclinaison de 1/8, et à protéger ensuite les talus par de très gros blocs de granit ; on n'avait pas obtenu par ce moyen une solidité complète des ouvrages, mais les dégâts étaient beaucoup moins importants que par le passé. Le pavage au-dessus du niveau de la mer a été maçonné avec du ciment de Portland et surmonté d'un parapet ou mur de garde arasé à 2^{m}92

au-dessus du niveau moyen dans la partie ancienne des
jetées et de 3^{m}50 dans la partie nouvelle ; les talus du côté
du large ont été consolidés au moyen de blocs en béton
de 9 à 12 tonnes ; ceci étant encore insuffisant, une risberme
de 2^m 50 de largeur a été construite à l'extérieur du parapet ; sur cette risberme sont maçonnés des blocs de garde,
lancés ensuite à la mer quand le besoin s'en fait sentir.

Il a été inutile de faire des travaux de consolidation à la
jetée de l'ouest.

Le prolongement des jetées a été exécuté en pierres,
enrochements et maçonneries sans l'emploi de matelas.

De 1817 à 1864, on avait dépensé pour les jetées
5,574,990 fr. 25.

JETÉES DE LA VISTULE AU CHENAL DE NEUFAHRWASSER (ALLEMAGNE)

Les deux jetées du chenal de Neufahrwasser par lequel
se déverse une partie des eaux de la Vistule avaient respectivement 831 et 208 mètres de longueur ; ces jetées
avaient d'abord été construites au moyen de coffrages en
charpente remplis d'enrochements ; la mer a démoli la jetée
de l'est et on l'a reconstruite en la prolongeant de façon à
lui donner avec son enracinement près de 2,700 mètres au
moyen d'un nouveau coffrage en charpente, au large
duquel on a établi un massif en fascinage, le tout recouvert
d'enrochements ; du côté de la mer comme du côté du
chenal, le talus a 2 mètres de base pour 1 de hauteur.
L'ouvrage arasé à 1^m 20 au-dessus du niveau moyen, présente à la partie supérieure une largeur de 2^m 70 ; on a
battu des pieux de défense du côté du chenal pour éviter
que les navires ne touchent les jetées, et ces pieux
servent de support à une voie de service qui mène aux

musoirs. Les matelas de fascines dépassent la base des
jetées de 4 mètres du côté de la mer et de 8 mètres du côté
du chenal; l'épaisseur des matelas est de 1 mètre à
1 mètre 20.

JETÉES DE LA MEMEL (ALLEMAGNE)

Les jetées de la Memel ont été construites en fascines;
ces fascinages, sont recouverts jusqu'à 0^m53 au-dessus du
niveau moyen des eaux, de gros blocs d'enrochement sur
lesquels on a établi un massif en maçonnerie. Le couronnement est à 3^m14 au-dessus du niveau moyen; sa largeur
varie de 3 à 7 mètres; après que le musoir de la jetée nord
eut été entièrement détruit par une tempête, on l'a re-
construit au moyen de deux lignes jointives de pieux à
l'intérieur desquelles se trouve un massif d'enrochements
surmontés de maçonneries; ce musoir est défendu par un
enrochement formé de blocs artificiels en béton de 14 à
20 tonnes.

L'allongement de la jetée sud sur 700 mètres a coûté
5,357 francs le mètre courant.

JETÉES DE GALVESTON (ÉTATS-UNIS)

D'autres exemples de jetées en fascines nous sont fournis à Charleston, Galveston, Sabine Pass, etc. A Galveston,
on a beaucoup craint au début l'action du taret, mais
le sable, qui est venu remplir les interstices des matelas
en a complètement arrêté les progrès. C'est après l'affouillement de la première jetée construite à Galveston, que le
colonel Manfield s'est décidé à essayer le système de matelas

de fascines adopté à l'embouchure de la Meuse, lestés avec
enrochements, toutefois en employant une construction plus
simple et moins coûteuse, sans encadrements ni pieux, mais
avec des poches remplies de petites pierres construites dans
les matelas; ces matelas ont très bien tenu et leur tassement a été très faible; la construction n'a coûté que 15 fr.
le mètre cube tout compris; les matelas de base avaient
de 20 à 40 mètres de largeur selon les profondeurs de
l'eau et l'intensité des courants. Sur 750 matelas posés,
3 seulement ont été perdus en les remorquant à leur emplacement dans la jetée. Les couches de matelas alternent
avec les couches d'enrochements; à la base on a posé un
grand matelas ou deux matelas de même largeur; sur ce
grand matelas, repose une première couche d'enrochements surmontée d'un second et quelquefois d'un troisième matelas au centre de la digue seulement; ces matelas sont revêtus d'une couche d'enrochements en dos
d'âne; sur cette couche d'enrochements repose un matelas
qui se prolonge jusqu'au talus en s'adaptant au dos d'âne
et au talus; il en est de même pour un dernier matelas.

JETÉES DE CHARLESTON (ÉTATS-UNIS).

Dès qu'on a commencé la construction des jetées de
Charleston on a prévu trois catégories de matelas soit:

1° Des matelas composés simplement d'un radeau ou
d'une plate-forme de poutres rondes, n'ayant pas moins de
0^{m}30 de diamètre moyen, ni moins de 0^{m}225 à la petite
extrémité; ces poutres étaient posées les unes à côté des
autres le plus près possible, à angles droits sur la direction des jetées, et fortement serrées ensemble par des
entretoises transversales, qui étaient reliées aux poutres

au moyen de chevilles ou boulons. Les entretoises étaient composées de poutres plus petites planées aux extrémités les plus minces, où elles ne devaient pas avoir moins de 0^m10 à 0^m15 de hauteur, selon le lieu d'emploi des matelas; la hauteur moyenne au point de croisement des longrines et des entretoises ne devait pas être inférieure à 0^m45; les entretoises n'étaient pas éloignées l'une de l'autre de plus de 2^m40 et il en était toujours placé une à l'extrémité des longerons. Les espaces restés libres entre les entretoises, excepté les deux espaces extrêmes, c'est-à-dire un de chaque côté des extrémités des longerons, étaient remplis avec de petites poutres, des madriers ou d'autre matériel approprié; ce remplissage était solidement fixé au moyen de liens appropriés;

2° La deuxième espèce de matelas était composée d'une plate-forme en bois, identique à celle que nous venons de décrire, mais recouverte de grosses fascines en broussailles, en quantités suffisantes pour avoir une épaisseur moyenne de 0^m15 après la compression dans la jetée; toutefois, quand les poutres employées dans les plates-formes avaient de 0^m025 à 0^m05 de diamètre de plus que celui précédemment employé, on diminuait d'autant l'épaisseur de la couche de fascines, mais sans lui donner une épaisseur inférieure à 0^m125; en tous cas un matelas comprimé n'avait nulle part moins de 0^m45 d'épaisseur. Les fascines étaient solidement reliées aux poutres par des attaches, après avoir été comprimées et dépassaient sur une épaisseur régulière de 0^m90 à 1^m20 les bouts des poutres.

On se servait pour les poutres de ces matelas de pins de qualité inférieure, mais on n'employait que les bois légèrement coniques, bien droits et autant que possible on ne mettait dans un matelas que des bois de même épaisseur, en excluant tous bois de longerons, qui n'étaient pas suffisamment droits pour retenir les pierres, même sans l'usage de fascines.

3° La troisième espèce de matelas était formée d'un grillage de poutrelles, ayant au moins 0ᵐ15 de diamètre moyen et pas moins de 0ᵐ125 de diamètre à l'extrémité la plus faible ; la distance entre les axes des poutrelles n'était pas inférieure à 1ᵐ20 ou 1ᵐ50 selon le lieu d'emploi ; la rangée inférieure était posée parallèlement à l'axe de la jetée. Les espaces restés libres entre la rangée supérieure étaient remplis de poutrelles semblables, de madriers ou de grosses fascines ; on posait ensuite deux couches de grosses fascines perpendiculaires l'une à l'autre de 0ᵐ125 à 0ᵐ15 d'épaisseur après compression dans la jetée, et on construisait dessus un grillage supérieur identique au grillage de base ; la couche supérieure de fascines était placée perpendiculairement à l'axe de la jetée ; les poutres de chaque grillage étaient solidement amarrées ensemble au moyen de fils de fer ou de cordages ; il en était de même des points de croisement des grillages supérieurs et inférieurs ; le matelas achevé et mis en œuvre ne devait pas avoir moins de 0ᵐ40 d'épaisseur.

On a calculé sur l'emploi de 1ᵐ500 de pierres par mètre cube de matelas, non compris les enrochements des talus et de la crête ; le poids des blocs de pierres variait de 8 kilos à 180 kilos ; les enrochements posés sur les matelas avaient de 0ᵐ30 à 0ᵐ60 d'épaisseur ; la largeur des matelas, qui devaient avoir toute la largeur de la jetée, variait de 12 à 40 mètres.

JETÉES DE SABINE PASS (ÉTATS-UNIS)

A Sabine Pass, dans le Texas, on exécute en ce moment des digues importantes en fascinages ayant chacune près de 6,000 mètres de longueur. On a employé aux endroits les moins exposés environ 750 kilos d'enrochements par mètre cube de matelas.

Les pierres sont du tout venant, mais n'ont pas moins de 0^{m}15 sur le plus petit diamètre et ne pèsent pas plus de 140 kilos chaque ; on emploie pour l'immersion des matelas, soit les plus petites pierres, soit des écailles d'huîtres draguées non loin de la barre ; les plus gros blocs sont réservés pour les parties supérieures des jetées.

Les matelas varient en largeur de 15 mètres à 30 mètres ; ils consistent en deux ou un plus grand nombre de fagots de broussailles comprimées entre des grillages de saucissons de fascines ; l'emploi de joncs était exclu. L'épaisseur des matelas varie de 0^{m}75 à 1^{m}50. Les fagots de fascines pour le remplissage ont 2^{m}40 à 3^{m}60 de longueur et environ 0^{m}15 de diamètre au gros bout, et diminuent graduellement jusqu'au petit bout ; ces fagots sont formés de fascines réunies et serrées au moyen de liens en bambous ou roseaux. Les fascines sont en bois de saule, de chêne, de pin, d'ache ou d'une autre essence durable qu'on trouve à 80 kilomètres environ de l'embouchure le long des rivières Sabine et Neche et qu'on peut transporter par eau à la barre ; l'épaisseur des fascines ne doit pas dépasser 0^{m}05 au gros bout.

Les saucissons formant le grillage ont toute la longueur et toute la largeur des matelas ; leur épaisseur moyenne est d'environ 0^{m}50 ; les fascines sont serrées tous les 0^{m}20 par un seul lien tortillé et formé de trois fils.

La construction des matelas est presque identique à
celle en usage en Hollande ; le grillage inférieur est formé
en plaçant les saucissons de fascines sur deux rangées perpendiculaires l'une à l'autre ; les saucissons de fascines
placés dans les rangées longitudinales du grillage sont
distants de 0^m90 ; ceux de la seconde couche sont équidis-
tants de 1^m20 à 1^m50. Aux pourtours des grillages, on place
une double rangée de saucissons. Les fagots de fascines
sont placés les uns à côté des autres en tournant tantôt
les petits et tantôt les gros bouts vers le dehors ; lorsqu'on
a posé ainsi la rangée extérieure du bas, on ouvre les
fagots en coupant les liens et on étend bien horizontale-
ment les fascines. Sur ces fascines, on pose à recouvrement une seconde rangée de fagots sur environ 1^m20,
comme des bardeaux sur un toit, de façon à ce que les
gros bouts de ces fagots recouvrent les petits bouts des
fagots inférieurs et réciproquement ; on coupe les liens,
on égalise de nouveau les fascines de cette rangée et on
continue ainsi jusqu'à ce que toute la première couche
de fascines soit achevée ; il est à noter que la première
couche de saucissons est parallèle au grand axe des matelas ; la seconde couche de saucissons lui est donc perpendiculaire ; la première couche de fascines se pose parallèlement à la seconde couche de saucissons, c'est-à-dire
perpendiculairement au grand axe des matelas.

La deuxième couche de fascines est posée perpendiculairement à la première ; on ne coupe pas les liens des
fagots dans les rangées extérieures parallèles au grand axe
des matelas ; mais on coupe les liens des remplissages de
fagots entre ces rangées et on nivelle bien les fascines ; on
continue ainsi jusqu'à ce que le matelas ait l'épaisseur
voulue, chaque couche de fascines devant être perpendiculaire à la couche inférieure ; le grillage supérieur est
semblable au grillage inférieur ; à chaque croisement de

saucissons, une corde goudronnée, de l'épaisseur d'un doigt, sert à comprimer fortement les fascines posées entre le grillage inférieur et le grillage supérieur. Les rangées inférieures de saucissons sont toujours parallèles à l'axe de la jetée; les matelas sont juxtaposés; dans les matelas de fond, les joints continus ne sont tolérés que dans la direction de l'axe des jetées.

Pour remorquer les matelas au lieu d'emploi et les immerger, on attache au moins six gros câbles aux grillages inférieurs et on les fait ensuite passer à travers toute l'épaisseur des matelas.

Paris, juillet 1892.

ANNEXE

CONTRAT D'ENTREPRISE

Pour l'exécution des travaux d'amélioration de la barre
de Rio Grande do Sul

DU 13 SEPTEMBRE 1890

Traduction d'un extrait du *Journal officiel* du Brésil

I.

La Société s'oblige à exécuter, sous le contrôle et pour
le compte de l'État, les travaux suivants :

1° Les deux jetées projetées pour l'amélioration de la
barre de Rio Grande do Sul, en conformité du plan, des
profils types, des prix unitaires des travaux, des conditions
générales et du cahier des charges ci-annexés, et en se
conformant aux dipositions techniques du rapport de l'ingénieur P. Caland, du 15 novembre 1885, qui reste annexé
au présent contrat ;

2° Les dragages projetés entre les deux jetées et le revêtement des talus du chenal dragué, en conformité des indications dudit rapport, de la série de prix des travaux, des
conditions générales et du cahier des charges du présent
contrat.

II.

La direction générale et le contrôle des travaux seront exercés par la Commission qui sera nommée par le Gouvernement dans ce but, et avec laquelle la Société devra s'entendre directement sur tous les points concernant l'exécution des travaux.

III.

1° Pendant le délai d'exécution des travaux, l'État remettra à la Société, en temps opportun, les terrains, libres de toutes charges, qui seront nécessaires pour l'exécution des travaux et de leurs dépendances, tels que chemins de service ou chemins de fer de service, carrières, emplacements d'ateliers de réparations, dépôts, plantations, etc;

2° La Société fournira tous les matériaux et tout l'outillage nécessaires à l'exécution des travaux; le prix de tous ces matériaux et des installations nécessaires, est compris dans la série de prix n° 1, qui fait partie du présent contrat;

3° Le gouvernement fédéral fera comprendre dans les métrés mensuels et à titre d'avances à la Société, sur l'importance des travaux à exécuter, le prix du matériel naval indiqué dans la note Y avec l'indication des époques de sa livraison, et il en payera le prix chaque mois à la Société d'après les originaux des factures des dépenses d'achat, de transport et de montage du matériel naval, y compris les frais d'assurance;

4° Si l'on effectue les transports de pierres par eau, le tableau Y fixe le maximum du matériel naval sur lequel la Société pourra demander des avances au Gouvernement;

si la Société veut augmenter ce matériel, elle le fera à ses frais, sans compromis quelconque pour le Gouvernement;

Si l'on transporte les pierres par chemin de fer, le maximum du matériel est fixé dans le tableau X, et en ce qui concerne le surplus, on observera ce qui a été établi dans le tableau Y;

5° On ne comprendra dans les situations mensuelles que le matériel naval dédouané à la douane de Rio Grande do Sul avant le 20 du mois dans lequel on aura établi cette situation; le matériel dédouané après cette date, sera compris dans la situation suivante;

6° Le montant des dépenses faites à l'étranger pour l'acquisition du matériel naval sera calculé comme cela a été indiqué ci-dessus et au change fixé de 433 reis par franc; les dépenses faites au Brésil pour le montage complet du matériel naval seront calculées d'après leur importance en monnaie courante du Brésil;

Chaque embarcation faisant partie du matériel naval, qui arrivera toute prête pour entrer en service, sera portée pour sa valeur totale dans la situation mensuelle; si toutefois il y a encore lieu de la monter ou de la mettre en état, on portera seulement en situation la somme correspondant à 80 $^o/_o$ de la valeur des factures d'origine respectives, et le solde, comme les dépenses faites au Brésil, y sera seulement compris quand tout le montage sera terminé et que l'embarcation sera prête à entrer en service;

7° Le prix du matériel naval étant, comme celui de tout autre matériel, compris dans les prix unitaires de la série de prix n° 1, le Gouvernement fédéral devra être remboursé des sommes qu'il aura avancées à la Société au moyen de retenues mensuelles sur l'importance des travaux correspondants, et ceci à partir du commencement du deuxième mois dans lequel le matériel aura commencé à fonctionner,

13.

de façon à ce que dans les trois années, après cette date, le remboursement du matériel importé ait été effectué au change fixe de 433 reis pour 1 franc et les dépenses faites au Brésil pour ce matériel en monnaie courante. Ces retenues mensuelles ne devront pas toutefois, pendant les six premiers mois, être supérieures à 25 °/₀ du montant total de chaque paiement mensuel à faire à la Société, dans le cas où elle effectuerait le transport de la pierre par le chemin de fer en exploitation, en faisant à ses frais les embranchements nécessaires entre les carrières et les chantiers à la barre ;

Dans le cas où l'on adopterait le transport de la pierre par chemin de fer, la Société aura exceptionnellement la faculté de le faire par eau, sans que le Gouvernement ne prenne à sa charge d'avancer une somme quelconque pour l'acquisition du matériel naval nécessaire à ce transport ;

8° Le Gouvernement se réserve le droit d'effectuer tous les paiements en or, ou en monnaie courante du pays, et ceux correspondant à la valeur du matériel naval aussi en billets du Trésor national ou titres de la Dette Fédérale, au cours respectif du jour du paiement et d'après la dernière cote officielle du syndicat des agents de change de Rio de Janeiro ;

9° A la fin des travaux des jetées toutes les constructions élevées par la Société ou par ses soins sur les terrains de l'État et aux caps près de la Barre feront retour au Gouvernement fédéral sans aucune indemnité et dans l'état où elles se trouveront ; font exception les installations nécessaires pour le service du dragage, qui feront retour à l'État, quand le service aura cessé ;

Les deux ferrys pour le transport des wagons de pierres seront aussi rendus gratuitement au Gouvernement fédéral lorsque la jetée de l'est sera achevée.

IV.

1° Les paiements mensuels comprendront les travaux exécutés pendant le mois et la valeur du matériel naval et des approvisionnements indiqués ci-avant; les montants correspondants seront calculés d'après les prix portés sur les séries de prix n°s 1 et 2; toutefois, en aucun cas, on ne comprendra dans les paiements mensuels les approvisionnements excédants les besoins des deux mois suivants, d'après le programme dressé par l'Ingénieur en chef de la Commission, sauf s'il en donnait l'autorisation spéciale;

2° La Société aura la garde et sera responsable de tous les approvisionnements payés d'après les prix de la série de prix n° 2; et, si en suite d'un motif quelconque, le feu ou une autre cause a endommagé ces matériaux, le Gouvernement retiendra sur les paiements à faire à la Société une somme équivalent au dommage encouru d'après l'appréciation de l'Ingénieur en chef de la Commission jusqu'à ce que ces matériaux aient été remplacés par la Société;

3° Les constructions et ferrys, qui doivent faire retour à l'État, resteront sous la garde de la Société jusqu'à leur réception, qui devra être faite par le Gouvernement fédéral à l'époque stipulée à la clause 3, article IX.

V.

On fera chaque mois, et avant le 20 du mois, les paiements dus à la Société pour les travaux exécutés et le matériel et les approvisionnements livrés pendant le mois précédent, comme cela a été fixé dans les clauses ci-dessus; ces paiements seront faits à la Caisse du Trésor ou à la douane de Rio Grande do Sul, sur production des documents respectifs dûment visés par l'Ingénieur en chef.

VI.

On divisera le métrage des travaux des jetées en trois catégories :

1° Travaux de revêtement du fond de la mer, qui forment la couche de la base des jetées ;

2° Travaux de la partie des jetées située entre le couronnement et la couche de revêtement du fond avec les enrochements complets des talus d'après le profil type ;

3° Travaux d'empierrement des crêtes des jetées ou bien leurs couronnements avec les voies, les signaux pour la navigation, etc.

On fera tout son possible pendant l'exécution des travaux précités, pour éviter que la mer ne les détruise, et on se servira des jetées pour l'avancement même des travaux, sans exclure cependant les autres dispositions de service qui pourraient être reconnues convenables pour les travaux prévus pendant l'exécution de ce contrat.

VII.

Le revêtement du fond de la mer pour la base des jetées sera exécuté en conformité des conditions générales et du cahier des charges ; l'avancement sera contrôlé tous les jours en reconnaissant les points où, dans chaque période, on a commencé et fini la pose des matelas.

On complétera ce contrôle de pose par le métrage du nombre et des dimensions des matelas au moment de leur envoi aux lieux d'emploi ainsi que des pierres nécessaires pour lester les matelas et exécuter les enrochements correspondants, en conformité des ordres de service qui s'y rapportent ; on dressera la situation mensuelle avec les données ainsi obtenues et en conformité de la clause VI du présent contrat, en appliquant à ces quantités les prix unitaires de la série de prix n° 1.

On portera aussi dans la situation mensuelle les approvisionnements destinés à ces travaux en déduisant le montant antérieurement payé pour les approvisonnements employés.

VIII

Le métrage des travaux de la partie des jetées qui se trouve au-dessus de la couche de revêtement du fond sera fait en conformité de la clause IV du contrat.

On vérifiera exactement, comme cela a été exposé dans la deuxième partie de la clause VII, le nombre et les dimensions des matelas qui auront été employés dans la seconde partie des jetées, ainsi que la quantité et le poids de pierres employées pour immerger les matelas et pour les enrochements, et aussi le nombre de pieux enfoncés ; on appliquera les prix unitaires de la série de prix n° 1 aux volumes des matelas, au poids total de la pierre et au nombre de pieux ainsi déterminés, en y ajoutant le montant des approvisionnements destinés aux travaux de cette espèce qui restent à faire et en déduisant le montant des approvisionnements qui auraient été employés et payés auparavant.

IX.

Pour la troisième partie des jetées, en conformité de la clause VI du contrat, on payera le couronnement en déterminant à terre le poids de la pierre réellement employée à ce travail.

La longueur et les sections transversales respectives, mesurées au moment de l'emploi, serviront pour payer les pieux qu'on aura définitivement enfoncés jusqu'aux profondeurs déterminées par le projet et par les ordres de service. La voie et les signaux pour la navigation seront payés d'après les matériaux définitivement approvisionnés aux endroits respectifs ; pour établir la situation mensuelle, on appliquera aux quantités ainsi obtenues les prix de la série de prix n° 1, et on ajoutera le montant des approvisionnements pour ces travaux en déduisant la valeur de ceux qui auront été payés et employés auparavant.

X.

Si, pendant l'exécution des travaux, on trouve que la mer a détruit ou endommagé une partie des travaux, que l'ingénieur en chef de la commission n'aura pas encore reçus, et ceci parce que les travaux n'auront pas été exécutés d'après les projets remis ou les ordres de service, la Société sera obligée de reconstruire ou de réparer à ses frais ce qui aura été détruit ou endommagé.

XI.

On ne considérera les jetées comme terminées qu'après

que tous les travaux indiqués dans la clause VI de ce contrat auront été achevés.

La réception définitive ne se fera pas par tronçons inférieurs à 200 mètres, quand l'Ingénieur en chef de la Commission aura trouvé qu'une plus grande longueur n'est pas terminée et en parfait état d'entretien ; elle aura lieu seulement deux mois après l'achèvement du dernier travail dans le tronçon à recevoir, en conformité du projet, du contrat, des conditions générales et du cahier des charges.

L'entretien des jetées sera fait par l'entreprise et à ses frais jusqu'à la réception définitive. Les travaux d'entretien ne comprennent pas les enrochements supplémentaires nécessaires et prescrits par l'Ingénieur en chef de la Commission pour renforcer les travaux exécutés mais qui n'auront pas encore été reçus ; ces enrochements supplémentaires seront faits aux frais de l'État.

La Société pourra faire pour le compte de l'État l'entretien des travaux reçus pendant l'exécution des travaux et ceci d'accord avec les conditions générales et les prix unitaires établis pour l'exécution des travaux.

XII.

Le travail de dragage sera commencé quand l'Ingénieur en chef de la Commission le jugera opportun pour la bonne exécution des travaux, en conformité des circonstances citées dans le rapport de l'ingénieur P. Caland et se rapportant au dragage des bancs.

La Société devra être avertie quatre mois à l'avance pour commencer le dragage avec le matériel qu'elle aura approvisionné.

Le métrage des matériaux dragués sera fait dans les

chalands ou dragues à clapets, qui serviront à leur transport, en appliquant par mètre cube le prix stipulé à la série
de prix n° 1.

XIII.

Le Gouvernement aura à prendre les mesures indispensables pour assurer la sécurité de la navigation pendant
l'exécution des travaux ; les embarcations appartenant à la
Société, ainsi que leurs équipages, seront soumis aux règlements fixés pour la marine marchande.

XIV.

On fera le revêtement des talus du chenal dragué en conformité du projet au fur et à mesure où l'Ingénieur en chef
de la Commission jugera qu'il est convenable de l'exécuter ;
mais la Société devra être avertie de cette décision un mois
d'avance.

On fera le métrage du revêtement des talus en conformité
de l'article 3 du cahier des charges ; les travaux seront payés
d'après les prix de la série de prix n° 1 et les approvisionnements d'après les prix de la série de prix n° 2.

XV.

La Société jouira de l'exemption des droits d'entrée sur
toutes les machines, tout l'outillage, tous les matériaux et
toutes les matières nécessaires à l'exécution des travaux
contractés, y compris le charbon de terre ; l'Ingénieur en
chef de la Commission devra reconnaître au préalable la

destination de ces objets importés. La Société ne pourra employer à d'autres fins les objets ainsi reçus sans que l'Ingénieur en chef de la Commission l'y ait préalablement autorisé ; elle aura alors à se soumettre aux règlements de la douane en vigueur.

XVI.

1° Les travaux des jetées seront commencés dans le délai de quatre mois comptés à partir de la date des présentes ;

2° Les travaux devront être terminés dans le délai de sept ans à compter de la date où ils auront été commencés et dont procès-verbal devra être dressé ;

3° Le dragage et le revêtement des talus du chenal dragué devront être achevés dans le delai de cinq années après qu'ils auront été commencés ; il est estimé que le commencement de ces travaux aura lieu après trois années ce dont procès-verbal devra être dressé.

XVII.

S'il y a infraction à la première stipulation de la clause précédente, la Société paiera une somme de 5,000 $ 000 par jour de retard jusqu'à expiration des premiers quinze jours ; puis une somme de 8,000 $ 000 par jour jusqu'à expiration des premiers trente jours.

Si la Société n'a pas rempli cet engagement dans les trente jours, le présent contrat sera considéré comme résilié.

Dans le cas où la Société dépasserait le délai stipulé pour l'exécution des travaux des jetées, du dragage et du revêtement des talus, elle paiera une amende mensuelle de 5,000 $ 000 jusqu'à la fin du deuxième mois, et ensuite de 10,000 $ 000 par mois.

XVIII.

Des amendes de 1,000 $ 000 à 10,000 $ 000 pourront être imposées à la Société, si elle n'observe pas les clauses du présent contrat et chaque fois que les amendes correspondantes ne seront pas expressément fixées; leur montant sera déduit des paiements dus à la Société.

XIX.

La Société emploiera de préférence des matériaux du pays pour les travaux, si les conditions, les prix et la qualité sont les mêmes. Tous les bois employés seront des bois du Brésil dont la loi autorise l'emploi pour les constructions.

XX.

La Société déposera au Trésor national ou à la délégation à Londres, en monnaie courante ou en titres de la dette publique des Etats-Unis du Brésil, la somme de 250,000 $ 000 comme cautionnement pour garantir la bonne exécution du présent contrat.

Ce dépôt sera fait dans le délai de vingt jours à partir de la date des présentes.

XXI.

Dans le cas où le cautionnement diminuerait en suite
d'une amende imposée à la Société, elle en complètera le
montant avant le prochain paiement à lui faire : si elle ne
l'a pas complété à cette date, une retenue correspondante
lui sera faite sur ce paiement.

XXII.

Le Gouvernement ne rendra le cautionnement à la Société qu'après réception définitive de tous les travaux, par
l'ingénieur en chef de la Commission auxquels se réfère
le présent contrat.

XXIII.

Les travaux une fois commencés dans le délai fixé par
le présent contrat, devront être continués avec la plus
grande régularité et rapidité jusqu'à ce qu'ils soient complètement achevés.

Les deux parties contractantes s'obligent, par le présent
contrat, à faire le nécessaire, en temps opportun, pour que
les travaux soient exécutés dans les délais et conditions
prévus, et à éviter tout arrêt dans les travaux ou retards
dans les paiements.

XXIV.

Les différends qui pourraient s'élever pour l'exécution

du présent contrat, seront d'abord soumis par l'ingénieur en chef de la Commission au Ministre du Commerce, de l'Agriculture et des Travaux publics, et ceci dans le délai de trente jours, non compris le temps du voyage ; le Ministre les résoudra dans le délai de soixante jours après réception des documents ; ensuite, et comme dernière instance, on pourra avoir recours à l'arbitrage, chaque parti choisissant un arbitre dans le délai de huit jours ; si ces arbitres n'arrivent pas à s'entendre dans le délai maximum d'un mois, chacune des parties contractantes présentera, dans un nouveau délai de huit jours, trois autres arbitres ; le sort désignera l'arbitre départageur parmi ces six arbitres ; celui-ci devra résoudre la question dans le délai d'un mois.

XXV.

Tous les différends, étrangers aux conditions de ce contrat, seront décidés d'après la loi et par les Tribunaux du pays.

XXVI.

En cas de déchéance du présent contrat, en vertu de la clause XXV des conditions générales, la société perdra en faveur de l'Etat les sommes qu'elle aura déposées et celles qui lui seront dues ; les travaux seront alors continués par le Gouvernement ou par qui il désignera. Les ateliers de réparation, navires, bureaux, etc., tout le matériel appartenant à la société seront mis gratuitement à la disposition du Gouvernement jusqu'après l'achèvement complet des travaux contractés ; alors seulement il sera remis à la disposition de la Société, en se conformant aux prévisions de l'article 9 de la clause III du présent contrat; l'État devra entretenir le mieux possible le matériel.

XXVII.

On considérera que les conditions générales et le cahier des charges, inscrits à la suite du présent contrat, en font partie intégrante.

XXVIII.

La Société s'oblige à faire diriger les travaux contractés par l'ingénieur N.... et s'il ne peut en être ainsi, en suite de motifs acceptés par le Gouvernement, ladite Société lui présentera un autre ingénieur de capacité reconnue et qui aura exécuté des travaux analogues à ceux du présent contrat.

XXIX.

Les droits et obligations qui découlent du présent contrat ne pourront être transférés.

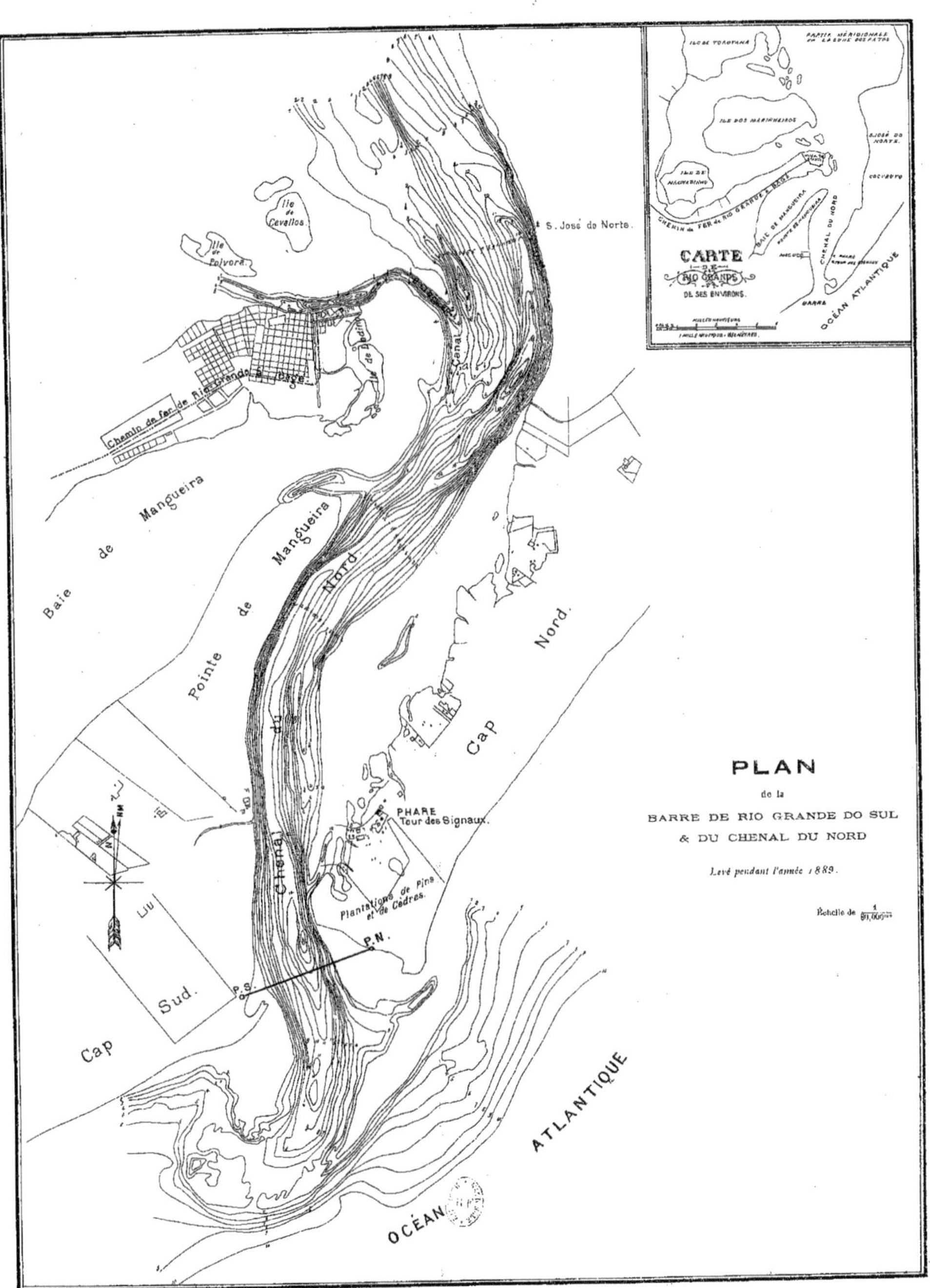

PLAN

de la

BARRE DE RIO GRANDE DO SUL

& DU CHENAL DU NORD

Levé pendant l'année 1889.

Échelle de $\frac{1}{57,600}$

TABLE DES MATIÈRES

25369

IMPRIMERIE A. MAULDE ET Cie

Rue de Rivoli, 144

IMPRIMERIE A. M[...]

RUE DE RIVOLI, 14[...]